DeepSeek
应用大全

从入门到精通的全方位案例解析

李艮基 肖灵儿 曹方咏峥 著

U0299482

电子工业出版社
Publishing House of Electronics Industry
北京·BEIJING

内 容 简 介

本书以国产自研的强大AI模型DeepSeek为核心，系统呈现了DeepSeek从基础操作到各领域应用的32个实战案例，旨在帮助读者快速掌握DeepSeek的用法。

本书总计32章。第1章讲解DeepSeek的注册与使用，包括访问DeepSeek官网、熟悉DeepSeek的使用界面、本地部署DeepSeek、调用DeepSeek API等。第2章讲解提示词的使用技巧，深入讲解如何通过充分提供信息、用词准确、角色扮演、分步提问、举例说明、多维提问、分步推理、Markdown格式、迭代式提问、先验知识、用AI模型的"母语"提问，以及向AI模型"投喂"材料，提升DeepSeek所回复内容的质量。第3章至第18章讲解DeepSeek在内容创作和个人发展领域的应用，包括创作小红书文案和直播带货脚本、打造翻译助手和健身饮食教练、职业规划、创业指导、搭建面试题库、创意策划、规划旅行方案、制定理财策略，以及撰写公众号文章、个人简历、工作总结、演讲稿、商业计划书、商务文档等。第19章至第32章讲解DeepSeek在技术和创意领域的应用，包括辅助编程和项目开发、生成Midjourney绘画提示词、美化图像、快速阅读100本书、文生视频、图生视频、制作PPT、处理Excel表格、将Word与DeepSeek无缝连接、生成数据图、将DeepSeek接入PyCharm，以及创作情侣头像、表情包和歌曲等。

无论您是DeepSeek初学者、职场人士，还是技术爱好者或者创意工作者，本书都适合您阅读和参考。

图书在版编目（CIP）数据

DeepSeek应用大全：从入门到精通的全方位案例解析 / 李艮基，肖灵儿，曹方咏峥著. -- 北京：电子工业出版社，2025. 4. -- ISBN 978-7-121-28782-4

Ⅰ. TP18

中国国家版本馆CIP数据核字第2025L6M737号

责任编辑：张国霞

印　　刷：天津千鹤文化传播有限公司
装　　订：天津千鹤文化传播有限公司
出版发行：电子工业出版社
　　　　　北京市海淀区万寿路173信箱　　邮编：100036
开　　本：720×1000　　1/16　　印张：14.5　　字数：302千字
版　　次：2025年4月第1版
印　　次：2025年4月第1次印刷
定　　价：78.00元

凡所购买电子工业出版社图书有缺损问题，请向购买书店调换。若书店售缺，请与本社发行部联系，联系及邮购电话：（010）88254888，88258888。

质量投诉请发邮件至zlts@phei.com.cn，盗版侵权举报请发邮件至dbqq@phei.com.cn。

本书咨询联系方式：faq@phei.com.cn。

推荐语

AI就像19世纪的电力，彻底改变了世界。《DeepSeek应用大全》就像用电说明书，教我们利用AI完成设计、撰写稿件、数据分析等任务，让我们有更多的时间思考人生、追逐梦想。

汕头市数智时代科技有限公司总经理　张少斌

拥抱AI不是选择题，而是新时代的生存法则。本书详细讲解了DeepSeek在办公场景中的深度应用，从撰写商业计划书到制作PPT，其智能内容生产引擎与AiPPT的一键美化功能形成了高效闭环。对于追求智能办公的团队来说，本书就是其"AI基因改造说明书"。

像素绽放PixelBloom创始人&CEO　赵充

在介绍DeepSeek应用的图书中，GenJi的这一本无疑是优中选优之作。其内容翔实而不冗长，场景广泛却聚焦核心。对于希望通过AI释放创造力、提升工作效率的从业者来说，本书不仅是操作指南，更是开启智能工作新范式的钥匙。

武汉大学数据新闻研究中心主任、"爱图表"创始人　王琼

本书提供了非常丰富的DeepSeek应用案例，可帮助读者快速掌握DeepSeek的使用技巧。本书适合所有希望深入了解DeepSeek应用的读者阅读和参考。

AI技术赋能师、厦门大学信息学院教授、
中国人工智能学会中小学工作委员会委员　赖永炫

本书系统展示了DeepSeek如何成为创意设计、日常办公的助手，并通过具体案例为相关业务场景提供了实战指导。力荐大家阅读！

中国人民大学高瓴人工智能学院　赵鑫教授

前言

在AI（人工智能）技术飞速发展的今天，DeepSeek作为一款国产自研的强大AI模型，正在深刻改变我们的工作、学习和生活方式。无论是文案创作、编程开发，还是图像处理、视频生成，DeepSeek都能提供高效、智能的解决方案。然而，面对市面上众多的DeepSeek图书，如何选择一本真正实用、系统且具有前瞻性的应用指南，成为许多读者的困惑。本书正为解决这一问题而生——它不仅是一本工具书，更是一本帮助读者从零开始掌握DeepSeek，并通过32个实战案例深入探索其在各领域的应用的全方位指南。

为什么选择本书

与市面上的同类书相比，本书在内容深度、实用性、案例丰富性及技术细节方面具有显著优势。

1. 从入门到精通的全方位指南

本书非常注重系统性和深度，可帮助读者真正掌握DeepSeek的核心功能。本书从DeepSeek的基础操作到高级应用，涵盖DeepSeek的注册与使用、本地部署、API调用，以及提示词的使用技巧等内容，并且注重技术细节讲解和操作指导，同时适用于初学者和进阶用户。

2. 32个实战案例，覆盖多个场景

本书的案例丰富性和场景多样性极具吸引力。本书提供了32个具体实战案例，覆盖创作文案、职业规划、辅助编程开发、处理图像、生成视频、创作歌曲等多个场景，可帮助读者快速找到满足自己需求的解决方案。

3. 创新性与前瞻性，探索AI未来

本书的创新性和前瞻性极具吸引力。本书不仅关注当前应用场景，还关注AI

生成图像、视频、音乐等前沿应用场景，充分展现了DeepSeek在多模态任务中的潜力。

4. 优化了用户体验与学习曲线

本书通过分章节、分步骤的方式降低学习门槛，用户体验更加友好。例如，"提示词的使用技巧"一章提供了详细的技巧和模板，可帮助用户快速上手并提升使用效率。

本书内容概览

本书共32章，涵盖DeepSeek的基础操作与高级应用。以下是对各章节的简要介绍。

- **第1章：DeepSeek的注册与使用**

从访问DeepSeek官网、熟悉DeepSeek的使用界面，到本地部署DeepSeek（包括部署DeepSeek-R1-1.5B、部署DeepSeek的不同版本对硬件的要求、下载并安装Ollama、通过Ollama下载并运行DeepSeek），再到如何调用DeepSeek API（包括DeepSeek中的主要配置参数、获取DeepSeek API key、使用curl调用DeepSeek API、使用Python SDK调用DeepSeek API、使用Node.js SDK调用DeepSeek API），本章全面讲解DeepSeek的基础操作。

- **第2章：提示词（Prompt）的使用技巧**

本章深入探讨如何通过充分提供信息、用词准确、角色扮演、分步提问、举例说明、多维提问等技巧，优化与DeepSeek的交互效果。本书还介绍了如何通过分步推理解决复杂问题、采用Markdown格式组织内容（包括Markdown的基础语法、采用Markdown格式与DeepSeek交互）、迭代式提问、使用先验知识避免幻觉、用AI模型的"母语"提问，以及向AI模型"投喂"材料，以提升DeepSeek所回复内容的质量。

- **第3章至第18章：DeepSeek在内容创作和个人发展领域的应用**

这些章节探索了DeepSeek在内容创作和个人发展领域的应用，包括创作小红书文案和直播带货脚本、打造翻译助手和健身饮食教练、职业规划、创业指

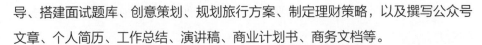

导、搭建面试题库、创意策划、规划旅行方案、制定理财策略，以及撰写公众号文章、个人简历、工作总结、演讲稿、商业计划书、商务文档等。

- **第19章至第32章：DeepSeek在技术和创意领域的应用**

这些章节进一步探索了DeepSeek在技术和创意领域的应用，包括辅助编程和项目开发（构建项目框架、设计整体架构、制订开发计划）、生成Midjourney绘画提示词、美化图像（去水印、改比例、提升画质、一键抠图）、快速阅读100本书、文生视频、图生视频、制作PPT、处理Excel表格、将Word与DeepSeek无缝连接、生成数据图、将DeepSeek接入PyCharm，以及创作情侣头像、表情包和歌曲等。

本书读者对象

- 初学者：希望快速掌握DeepSeek基础操作的读者。
- 职场人士：希望通过DeepSeek提升工作效率的读者。
- 技术爱好者：希望深入探索DeepSeek在编程、图像处理等场景中的应用的读者。
- 创意工作者：希望通过DeepSeek完成文案创作、视频生成等任务的读者。

如何使用本书

本书既可作为工具书，随时查阅具体案例的操作步骤；也可作为系统学习教材，从入门到精通，逐步掌握DeepSeek的使用技巧。无论您是初学者，还是有一定经验的DeepSeek用户，都能从本书中找到适合自己的内容。

目录

第**1**章

DeepSeek的注册与使用

DeepSeek模型（后简称"DeepSeek"）是由深度求索公司开发的大规模语言模型，专注于自然语言处理任务。下面讲解如何进行DeepSeek的注册与使用。

1.1 访问DeepSeek官网

通过浏览器访问DeepSeek官网，其首页提供了"开始对话""获取手机App"和"API开放平台"三个功能入口，如图1-1所示。注意：推荐使用Chrome、Firefox或Edge等主流浏览器，并且确保网络畅通。

图1-1

第1次使用DeepSeek时，单击"开始对话"或"API开放平台"功能入口，就会进入DeepSeek的登录界面，可以通过手机号、邮箱或微信扫码登录，根据该界面的相应提示操作即可。登录成功后，再次单击"开始对话"或"API

开放平台"功能入口，就可以正常使用其功能了。

下面介绍以上三个功能入口。

- "开始对话"功能入口（标记1）：单击该入口，我们可以通过输入问题或选择预设选项与DeepSeek对话，获取帮助或信息。
- "获取手机App"功能入口（标记2）：单击该入口，可扫码下载DeepSeek App，该App有iOS和Android两个版本。
- "API开放平台"功能入口（标记3）：单击该入口，可进入DeepSeek为开发者提供接口服务的平台，开发者可在此将DeepSeek的功能集成到自己的应用或系统中，具体操作详见1.4节。

1.2 熟悉DeepSeek的使用界面

通过浏览器访问DeepSeek官网，单击DeepSeek官网界面的"开始对话"功能入口，进入DeepSeek的使用界面，如图1-2所示。

图1-2

DeepSeek的使用界面主要包括左侧的边栏（标记1）和中间的欢迎语（标记2）、输入框（标记3）。注意：该界面显示的具体内容可能因平台版本或用户权限的不同而有所变化。下面重点讲解边栏和输入框。

1. 边栏

边栏有"开启新对话""对话记录""个人信息"等功能入口。单击边栏顶部文字"deepseek"右侧的 图标，可以折叠边栏。折叠边栏后，单击边栏顶部的 图标，可以展开边栏。下面介绍以上三个功能入口。

- "开启新对话"功能入口：单击该入口，可以随时结束当前对话，清空上下文，开启新一轮的对话。

- "对话记录"功能入口：我们与DeepSeek完成对话后，该对话记录便会被DeepSeek拟定一个对话主题，放在该功能入口中。对话记录一般按照时间排序，比如天或小时，具体取决于系统设计和用户设置。单击对话主题右侧的三个点图标，可以将对话主题重命名或者删除。

- "个人信息"功能入口：有"系统设置""删除所有对话""联系我们""退出登录"等菜单项，可以单击相应的菜单项，进行相应的操作。

2. 输入框

输入框是我们与DeepSeek对话的主要区域，我们可以在这里输入任何内容（即"提示词"），与DeepSeek对话。在输入框中有"发送"按钮、"附件上传"按钮、"深度思考（R1）"按钮和"联网搜索"按钮，下面介绍这四个按钮。

- "发送"按钮 ：位于输入框的右下角，是用户向DeepSeek发送提示词的主要按钮。用户在输入框中输入提示词后，单击该按钮，即可将提示词发送给DeepSeek，DeepSeek会解析提示词并回复相应的内容。

- "附件上传"按钮 ：位于"发送"按钮的左侧。单击该按钮，即可向DeepSeek上传附件。这里可以批量上传附件，上传的附件可以为各类文档和图像，但不能超过50个附件，而且每个附件都不能超过100MB。DeepSeek可以读取、识别、处理这些附件中的文字内容（在本书出版时是文字内容），并回复相应的内容。

- "深度思考（R1）"按钮：位于输入框的左下角。单击该按钮，会启用DeepSeek R1模型，DeepSeek会采取更复杂的推理和分析方式，对用户输入的提示词进行更深入的分析和处理，回复的内容也更深入、全面。在需要处理复杂的问题或者需要进行深入探讨的场景中，可以单击该按钮。

- "联网搜索"按钮：位于"深度思考（R1）"按钮的右侧。单击该按钮，DeepSeek便可在互联网上实时搜索最新的信息或数据。如果需要获取最新的新闻、研究成果或其他动态信息，则可以单击该按钮。

1.3 本地部署DeepSeek

如果需要长期使用DeepSeek，则建议本地部署DeepSeek，好处如下。

- 数据安全：能确保所有的数据处理和存储操作都在自己的服务器或设备上进行，减少了数据外泄的风险，特别适合处理敏感信息。
- 定制化：可以根据自身需求对系统进行深度定制和优化，以满足特定的业务场景或技术要求。
- 性能优化：可以更好地控制硬件资源，根据实际需求进行性能调优，确保系统运行效率。
- 离线可用：不依赖外部网络连接，在没有互联网的情况下也能正常运行，适合网络不稳定或需要高可用性的环境。
- 合规性：可以达到某些行业或地区对数据存储和处理的合规要求。
- 长期成本控制：虽然初期部署成本较高，但从长期来看，本地部署DeepSeek比持续订阅云服务更经济，尤其适用于大规模应用场景。

下面讲解一种简单、便捷的本地部署DeepSeek的具体做法。

1.3.1 部署DeepSeek-R1-1.5B

DeepSeek-R1-1.5B适用于轻量级任务，是DeepSeek目前开源的最小版本，参数量只有15亿，只需3GB的显存就能运行。而且，DeepSeek-R1-1.5B在数学推理方面表现出色，甚至在某些基准测试中超过了GPT-4o和Claude 3.5。

注意：如果电脑配置更高，则可以尝试部署DeepSeek的其他版本。

DeepSeek-R1-1.5B适用于一些轻量级的任务，举例如下。

- 智能客服：在小型企业或者个人项目中可以快速回答一些常见问题。
- 语言学习：可以使用DeepSeek-R1-1.5B提高语言学习能力，比如输入一个中文句子，让它生成英文翻译。

- 创意写作：可以快速生成一些创意片段或者文案初稿。

1.3.2　部署DeepSeek的不同版本对硬件的要求

表1-1所示为部署DeepSeek的不同版本对硬件的要求，我们可以结合自己的电脑配置选择部署相应的版本。

表1-1

版　　本	参数量	显存需求（FP16）	推荐GPU（单卡）	多卡支持	量化支持	适用场景
DeepSeek-R1-1.5B	15亿	3GB	GTX 1650（4GB显存）	不需要	支持	低资源设备部署（树莓派、旧款笔记本）、实时文本生成、嵌入式系统
DeepSeek-R1-7B	70亿	14GB	RTX 3070/4060（8GB显存）	可选	支持	中等复杂度任务（文本摘要、翻译）、轻量级多轮对话系统
DeepSeek-R1-8B	80亿	16GB	RTX 4070（12GB显存）	可选	支持	有更高精度要求的轻量级任务（代码生成、逻辑推理）
DeepSeek-R1-14B	140亿	32GB	RTX 4090/A5000（16GB显存）	推荐	支持	企业级复杂任务（合同分析、报告生成）、长文本理解与生成
DeepSeek-R1-32B	320亿	64GB	A100 40GB（24GB显存）	推荐	支持	高精度专业领域任务（医疗、法律咨询）、多模态任务预处理
DeepSeek-R1-70B	700亿	140GB	2x A100 80GB/4x RTX 4090（多卡并行）	必需	支持	科研机构、大型企业（金融预测、大规模数据分析）、高复杂度生成任务

续表

版 本	参 数 量	显存需求（FP16）	推荐GPU（单卡）	多卡支持	量化支持	适用场景
DeepSeek-R1-671B	6710亿	512GB+（单卡显存需求极高，通常需要多节点分布式训练）	8x A100/H100（服务器集群）	必需	支持	国家级、超大规模AI研究（气候建模、基因组分析），以及AGI探索

笔者部署DeepSeek-R1-1.5B时的硬件配置如下。

- CPU：AMD Ryzen 7 5800H with Radeon Graphics 3.20GHz。
- 内存：16GB。
- 操作系统：Windows 11。
- 硬盘空间：500GB，剩余335GB。

1.3.3 下载并安装Ollama

Ollama是一个开源的轻量级框架，适用于在本地高效运行和微调大规模语言模型。Ollama本身并不是DeepSeek的产品，但它支持DeepSeek的本地部署和优化。

通过浏览器访问Ollama官网，如图1-3所示，单击Ollama官网首页的Download按钮，下载Ollama。

图1-3

下载完成后，双击OllamaSetup.exe进行安装，直到安装完成即可。

因为接下来会用到命令行，所以先讲解不同操作系统中命令行的打开方式。

- Windows操作系统：按Win + R快捷键打开"运行"窗口，输入"cmd"
  或"powershell"，按回车键。
- macOS操作系统：按Command+Space快捷键打开Spotlight，输入
  "Terminal"，按回车键。
- Linux操作系统：按Ctrl + Alt + T组合键。

打开命令行，在命令行中执行ollama -v命令（在命令行中先输入命令，再
按回车键，即可执行命令），出现图1-4中箭头所示的版本号，即可说明Ollama
安装成功。

图1-4

1.3.4 通过Ollama下载并运行DeepSeek

安装Ollama后，在命令行中执行ollama pull deepseek-r1:1.5b命令，可在
Ollama的模型库中下载DeepSeek-R1-1.5B，如图1-5所示。下载时长取决于
模型大小和网络速度。

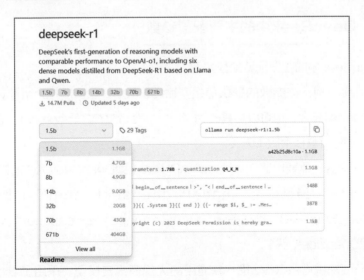

图1-5

下载完成后，在命令行中执行ollama run deepseek-r1:1.5b命令，运行DeepSeek-R1-1.5B。如图1-6所示，整个过程很快，几分钟后看到"success"字样，就可以使用DeepSeek-R1-1.5B了。

图1-6

1.4 如何调用DeepSeek API

如果我们是开发人员、研究人员或者技术爱好者，则知道如何调用DeepSeek API，将有助于我们更高效地使用DeepSeek。

DeepSeek API采用了与OpenAI API完全兼容的格式。只需在支持OpenAI API的客户端和SDK中简单调整配置参数，就能通过OpenAI SDK或任何支持OpenAI API的软件轻松接入DeepSeek API。

1.4.1 DeepSeek中的主要配置参数

DeepSeek中的主要配置参数如下。

- base_url：该参数的默认值是"https://api.********.com"，为了与OpenAI兼容，也可以将其改为"https://api.********.com/v1"。注意：此处的v1与模型版本无关。
- api_key：需要申请DeepSeek API key（即DeepSeek API密钥）。
- model：通过指定"model='deepseek-chat'"，即可调用DeepSeek-V3。通过指定"model='deepseek-reasoner'"，即可调用DeepSeek-R1。

提示：DeepSeek V3是一款通用的大规模语言模型，采用了混合专家架构，侧重于高效文本生成和多语种对话；DeepSeek R1则在DeepSeek V3的基础上，通过强化学习等方法进一步优化了推理能力，擅长处理数学、代码和逻辑推理任务。

1.4.2 获取DeepSeek API key

在DeepSeek官网首页单击"API开放平台"功能入口并登录、注册，将获得一个api_key（即API key），如图1-7所示。首次注册的用户还会收到一些免费的token额度。

提示：token是文本处理的最小单位，可以是单个字、单词或部分单词，DeepSeek及其他AI模型通过这些token来理解和生成语言。

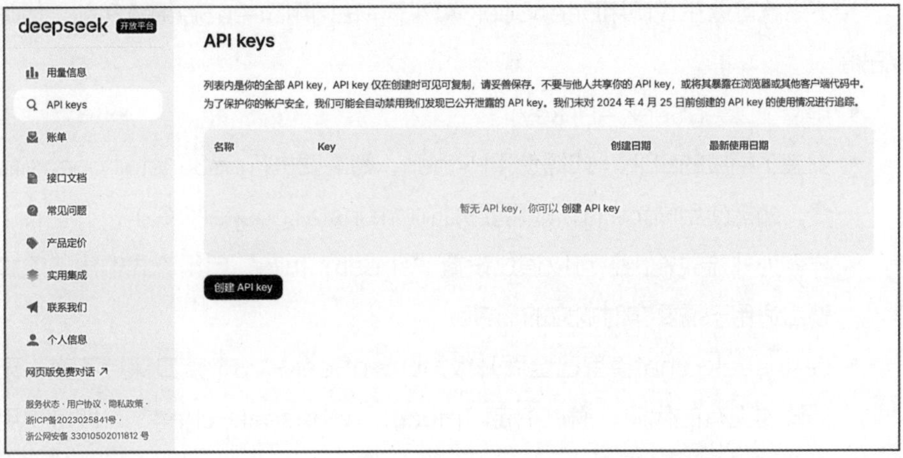

图1-7

单击图1-7所示界面左侧的"API keys"菜单项，将显示"API keys"管理界面，在该界面单击"创建API key"按钮，输入API key的名称，如图1-8所示。

出于安全方面的原因，API key仅在创建时可见、可复制，并且需要立即将其保存（仅显示一次），之后将无法通过"API keys"管理界面再次查看它。如果丢失了它，则需要重新创建。

注意：不要与他人共享你的API key，也不要将其暴露在浏览器或其他客户端代码中，DeepSeek可能会自动禁用已发现的公开泄露的API key。

图1-8

接下来就可以正式调用DeepSeek API了。在调用DeepSeek API前，请确保已经：

- 申请了DeepSeek API key；
- 安装了相应的SDK（如需使用Python，则需要执行pip3 install openai命令；如需使用Node.js，则需要执行npm install openai命令）；
- 样例为非流式输出，可以通过设置"stream=true"启用流式输出，流式输出适用于需要实时响应的场景；
- deepseek-chat模型已全面升级为DeepSeek-V3，接口保持不变，无须修改现有的代码，通过指定"model='deepseek-chat'"，即可使用DeepSeek的最新版本。

1.4.3 使用curl调用DeepSeek API

curl是一种常用的命令行工具，用于向服务器发送HTTP请求。使用curl调用DeepSeek API的示例如下：

```Plain Text
curl https://api.********.com/chat/completions \
  -H "Content-Type: application/json" \
  -H "Authorization: Bearer <DeepSeek API Key>" \
  -d '{
      "model": "deepseek-chat",
```

```
        "messages": [
            {"role": "system", "content": "You are a helpful
assistant."},
            {"role": "user", "content": "Hello!"}
        ],
        "stream": false
    }'
```

在以上命令中，需要将"<DeepSeek API Key>"替换为实际的DeepSeek
API key。

1.4.4 使用Python SDK调用DeepSeek API

使用Python调用DeepSeek API，可以通过安装OpenAI的Python SDK实
现，因为DeepSeek API与OpenAI API兼容。调用示例如下：

```
Python
from openai import OpenAI

client = OpenAI(api_key="<DeepSeek API Key>", base_url="https://
api.********.com")

response = client.chat.completions.create(
    model="deepseek-chat",
    messages=[
        {"role": "system", "content": "You are a helpful
assistant"},
        {"role": "user", "content": "Hello"},
    ],
    stream=False
)
print(response.choices[0].message.content)
```

在使用前，需要执行pip install openai命令安装OpenAI SDK，并将
"<DeepSeek API Key>"替换为实际的DeepSeek API key。

1.4.5 使用Node.js SDK调用DeepSeek API

使用Node.js调用DeepSeek API，同样可以通过安装OpenAI的Node.js
SDK实现。调用示例如下：

```Python
import OpenAI from "openai";

const openai = new OpenAI({
    baseURL: "https://api.********.com",
    apiKey: "<DeepSeek API Key>",
});

async function main() {
    const completion = await openai.chat.completions.create({
        messages: [{ role: "system", content: "You are a helpful
assistant." }],
        model: "deepseek-chat",
    });

    console.log(completion.choices[0].message.content);
}

main();
```

在使用前，需要执行npm install openai命令安装OpenAI SDK，并将"<DeepSeek API Key>"替换为实际的DeepSeek API key。

第 **2** 章

提示词（Prompt）的使用技巧

提示词指向DeepSeek及其他AI模型输入的文本，用于引导或激发其进行相应的回复。

我们在使用DeepSeek时，在输入框（见图1-2）中输入的内容就是提示词。例如，在输入框中输入"如何学习Python编程"，按回车键（之后默认输入提示词后就会按回车键，不再重复写"按回车键"），DeepSeek就会针对此提示词进行回复。

注意：提示词的质量和内容将直接影响DeepSeek及其他AI模型所回复内容的准确性和相关性。接下来会由浅入深地讲解提示词的使用技巧。

2.1 充分提供信息

高质量的提示词会提供尽可能多的细节和具体的背景信息，这能帮助DeepSeek及其他AI模型更准确地理解我们的需求，即使其中有些信息在我们看来是常识，仍需在提示词中写明。

例如，在DeepSeek的输入框中输入提示词：

> 怎样提高学生成绩？

DeepSeek回复：

> 提高学生成绩的关键方法如下。
> - 个性化学习：根据学生的需求调整教学方式。
> - 激发动机：通过有趣的课题和奖励激发学习兴趣。
> - 及时反馈：帮助学生纠正错误并进步。
> - 培养学习习惯：教会学生如何做时间管理和定期复习。

- 互动教学：鼓励讨论和合作学习。
- 情感支持：建立积极的师生关系，增强自信心。
- 家庭支持：家长提供学习环境和支持。
- 复习策略：教授高效复习和考试的技巧。

综合运用这些方法，有助于提高学生成绩。

接下来优化刚才输入的提示词，在DeepSeek的输入框中输入优化好的提示词：

> 我是高三学生的家长，孩子还有半年参加高考，物理和生物成绩较弱。希望在时间有限的情况下，找到切实可行的方法提高成绩，200字左右。

DeepSeek回复的内容会更精准，细节更丰富。此时，DeepSeek回复：

作为高三学生的家长，您可以通过以下几种方法帮助孩子在剩余的时间内提高物理和生物成绩。

- 精准定位薄弱环节：通过分析历次模拟考试，找出孩子在物理和生物学习中最薄弱的知识点，集中精力进行强化复习，避免"面面俱到"地学习。
- 强化基础，逐步提高：物理和生物都强调基础知识，建议孩子先扎实掌握基本概念和公式，再逐步提高解题技巧和实验操作能力。
- 做题和错题本：通过大量做真题和模拟题，训练孩子的答题技巧，建立错题本，定期复习，避免犯同样的错误。
- 定期模拟测试：模拟高考环境，让孩子习惯高考节奏，减少考试时的紧张情绪。
- 适当休息与调整心态：高强度的复习压力可能导致疲劳，适当地休息和调整心态能帮助孩子保持良好的状态。

通过这些方法，结合孩子的努力，定能提高成绩。

2.2 用词准确

模棱两可的提示词可能导致DeepSeek及其他AI模型无法正确理解我们的需求，回复不相关的内容。通过在提示词中重述问题或在与DeepSeek及其他AI模型对话的过程中澄清内容，可以有效消除歧义。

例如，在DeepSeek的输入框中输入模棱两可的提示词：

苹果怎么样？

DeepSeek回复：

> 苹果是一种非常受欢迎的水果，它不仅味道鲜美，而且营养丰富。苹果含有丰富的维生素C、膳食纤维和抗氧化物，有助于提高免疫力、促进消化和保护心脏健康。此外，苹果的热量较低，是一种健康的零食选择。
>
> 苹果的种类很多，比如红富士、黄元帅等，每种都有不同的口感和用途。
>
> 总的来说，苹果是一种既美味又有营养的水果，是日常饮食中的好选择！

此时，DeepSeek可能并不确定我们询问的是苹果（水果）还是Apple（公司）的产品。如果将该提示词优化为"苹果这种水果好吃吗？"或者"Apple的iPhone好用吗？"，那么DeepSeek针对后者会回复：

> Apple的iPhone通常被认为是非常好用的手机，主要有以下优势。
>
> - 操作系统（iOS）：iPhone搭载的iOS操作系统流畅且直观，用户界面简洁、易用，且系统更新支持时间长，保障了设备的安全性和功能性。
> - 硬件与软件的结合：iPhone的硬件和软件紧密结合，优化良好，性能非常稳定，尤其在拍照、处理器速度和电池优化方面表现出色。
> - 生态系统：如果你已经使用了Apple公司的其他产品（如Mac、iPad、Apple Watch等），那么iPhone与这些产品的无缝连接，将为你提供更加便捷的跨设备体验。
> - App Store：在iPhone的应用商店中有很多高质量的应用，并且Apple公司对应用的审核标准很高，确保了安全性和质量。
>
> 不过，它的价格相对较高，可能不适合预算有限的用户。而且，iPhone的个性化设置和扩展性相比一些安卓手机略显局限。
>
> 总的来说，如果你重视流畅的使用体验和高质量的应用生态，那么iPhone是一个非常不错的选择。

2.3 角色扮演

我们可以在提示词中赋予DeepSeek及其他AI模型特定的角色，让其模拟特定领域的专业人士，回复更专业、贴近实际的内容，甚至可以创造虚拟场景进行互动。

例如，在DeepSeek的输入框中输入提示词：

你是英语老师，正在教授初中生虚拟语气，请用适合学生的语言讲解，并提供例句。

DeepSeek回复：

同学们，今天我们来学习虚拟语气。虚拟语气用来表达假设、愿望、建议或者与现实相反的情况。它并不指的是实际发生的事情，而是我们假设或者想象的事情。

1. 假设与现实相反的情况

当我们谈论与现在或过去事实相反的情况时，使用虚拟语气。例如：

If I were a bird, I could fly.

（如果我是一只鸟，我就能飞。）

这句话是假设的，因为我并不是一只鸟。

If she had studied harder, she would have passed the exam.

（如果她当时更加努力学习，她就会通过考试。）

这句话是回顾过去的假设情况，实际上她没有通过考试。

2. 表达愿望

当我们表达愿望时，使用虚拟语气。例如：

I wish I were taller.

（我希望我更高。）

这里的"were"表示这不是现实，只是一个愿望。

I wish you had come to the party.

（我希望你当时来参加派对。）

这也是一个表示过去愿望的句子。

3. 提要求或建议时的虚拟语气

当我们想给别人提建议时，通常会使用虚拟语气。比如：

I suggest that he study harder.

（我建议他更加努力学习。）

这个句子中，"study"是原形动词，用来表示建议。

It's important that she be here on time.

（她按时到这里很重要。）

这里的"be"也是虚拟语气的用法，表示某种要求或必要性。

总结：虚拟语气通常用于表示假设、愿望、建议或者与现实相反的情况。在这些情况下，我们不再用实际发生的语法形式，而是用一些特殊的表达方式，如"were"、动词原形等。

2.4 分步提问

直接向DeepSeek及其他AI模型输入复杂的问题，可能导致其回复的内容难以理解。

例如，在DeepSeek的输入框中输入提示词：

描述19世纪英国历史上所有重要的政治、经济、社会和文化事件，并分析它们之间的复杂关系。

在未打开DeepSeek的联网搜索功能的情况下，DeepSeek会回复：

19世纪英国经历了深刻转型：
- 政治上：从拿破仑战争到逐步的议会改革，民主化进程加快。
- 经济上：工业革命催生了工业化、自由贸易和全球扩张。
- 社会上：城市化和阶级分化激发了工人运动和社会改革。
- 文化上：文学艺术繁荣与科学思想革新反映并推动了社会变革。

可以看出，正是因为提示词要求涵盖所有方面，信息量太大，所以DeepSeek回复的内容不尽如人意。

我们可以将提示词拆解，一步一步地提问，逐步引导DeepSeek深入问题的核心，同时验证中间步骤的准确性。例如，在DeepSeek的输入框中输入提示词：

> 整体背景：
>
> - 19世纪英国有哪些重要历史事件？
> - 该问题帮助了解整体的历史大事，为后续探讨提供框架。
>
> 具体事件分析：
>
> - 工业革命在19世纪英国的兴起过程中有哪些标志性事件？
> - 此问题能聚焦于工业革命的关键转折点。
>
> 社会影响：
>
> - 工业革命对19世纪英国的社会结构和民生有哪些具体影响？
> - 进一步探讨经济、阶层和社会变革之间的关系。
>
> 经济层面：
>
> - 工业革命如何影响19世纪英国的经济模式和产业结构？
> - 聚焦于经济转型和产业革命的内在逻辑。
>
> 政治与文化方面：
>
> - 19世纪英国的政治体系在工业革命期间发生了哪些变化？
> - 聚焦于工业革命对政治体系的影响。

其优点是每个子问题都从特定的角度出发，使DeepSeek能够更专注地回复。在针对历史事件与DeepSeek进行对话时，可以分开询问各个事件的背景、原因和后果，避免DeepSeek回复概括性的、过于宽泛的内容。

2.5 举例说明

举例说明的方法不仅适用于人与人之间的交流，同样适用于人与DeepSeek

及其他AI模型之间的交流。对于抽象或复杂的问题，如果能够通过举例说明为DeepSeek及其他AI模型提供参照，就能显著提升其对问题的理解程度，回复更精准的内容。该方法在学术界被称为"少量样本提示"（Few-shot Prompting）。

"举例说明"的方法不仅适用于生成符合指定风格和格式的文本，还适用于文本分类、信息提取等。在采用该方法时如果只提供了一个示例，则该方法被称为"单样本提示"（One-shot Prompting）。

随着示例数量的增加，DeepSeek及其他AI模型所回复内容的准确性会随之提升。一般而言，提供7～10个示例可达到较好的效果。

例如，在DeepSeek的输入框中输入提示词：

写一段关于一中和二中足球比赛的描写。

DeepSeek回复：

> 球场上，两支球队已经准备就绪，观众兴奋地等待着比赛的开始。裁判吹响了哨子，比赛开始了。球员们奔跑着，大声呼喊，努力争夺每一个球。场上气氛紧张而激烈，观众欢呼，为自己支持的球队加油助威。

DeepSeek回复的内容虽然中规中矩，但缺乏具体情节和张力。

我们接下来可以改用举例说明的方法，在DeepSeek的输入框中输入：

写一段关于一中和二中足球比赛的描写，用2010年世界杯决赛西班牙队在加时赛中踢入决定性一球的风格来写。

DeepSeek回复：

> 在比赛进行到第118分钟时，一中球员们展开了一次精彩的进攻，观众的欢呼声瞬间响彻全场。
>
> 球传入禁区，一中前锋带球突破二中防线的层层阻拦，面对二中门将，他果断起脚，射门！足球如离弦之箭直飞球门左上角，尽管门将全力扑救，但仍未能阻止足球越过指尖、飞入网中。
>
> 球场瞬间沸腾，一中球员跑向场边欢呼雀跃，观众齐声呐喊。二中球员则低下头，满脸遗憾。最终哨声响起，比赛以一中获胜告终……

可以看出，通过补充示例，DeepSeek不仅给出了具体情节，还增强了描述的感染力。

2.6 多维提问

当我们向DeepSeek及其他AI模型输入的提示词较为复杂时，其回复的内容可能过于宽泛或缺乏针对性。这时，我们可以采用多维提问的方式，从多个角度提出问题，让DeepSeek及其他AI模型输出更全面、细致的内容，挖掘可能被忽略的信息和视角。

假设我们准备开一家咖啡店，想知道DeepSeep的建议，则传统的提问方式是在其输入框中输入提示词：

> 我想开一家咖啡店，你有什么建议？

DeepSeek回复：

> 开设咖啡店需要考虑许多因素。首先进行市场调研，了解当地的消费习惯和竞争对手的情况。然后决定咖啡店的定位和产品线，确保聘请经验丰富的咖啡师和服务员。

虽然其回复的内容有效，但概括性较强，缺乏细节。此时，可以改进提问方式，将问题拆解为多个具体维度。在DeepSeep的输入框中输入改进后的提示词：

> 我想开一家咖啡店，请从以下几方面提供建议。
>
> - 市场调研：如何了解目标消费群体和竞争对手？
>
> - 选址：怎样选择合适的店面位置？
>
> - 装修设计：如何设计店面以吸引顾客？
>
> - 人员招聘：如何挑选和培训员工？
>
> - 产品定位：如何确定产品线和菜单设计方案？
>
> - 定价策略：怎样合理制定产品的价格？
>
> - 营销推广：如何吸引顾客并保持长期联系？

DeepSeek回复：

市场调研：

- 通过线上问卷、实地采访或社交媒体分析，了解目标消费群体的消费习惯、口味偏好和对咖啡价格的接受程度；
- 调查当地竞争对手的产品、定价、营销策略，以及他们的优势和不足。

选址：

- 优先选择交通便利、人流量大的区域，如商业中心、办公区或学校附近；
- 观察选址区域的目标消费群体是否与咖啡店的定位匹配，避免选择竞争过于激烈的区域。

装修设计：

- 确定风格主题（如简约、复古或网红风格）与目标消费群体的审美一致；
- 确保座位布局舒适，留出空间，以供顾客拍照和进行社交活动。

人员招聘：

- 优先选择热爱咖啡、有相关经验的候选人，并提供岗前培训，以统一服务标准；
- 关注团队合作情况和服务意识，打造良好的店内氛围。

产品定位：

- 根据目标消费群体的需求设计菜单，例如精品咖啡、特色饮品和小食搭配；
- 考虑增加季节限定产品，以保持顾客的新鲜感和回头率。

定价策略：

- 参考竞争对手的价格，根据地段和目标消费群体的购买力合理制定价格；
- 提供套餐优惠或会员折扣，吸引更多的顾客消费。

营销推广：

- 利用社交媒体进行宣传，如发布精美的产品照片和店内氛围照片；
- 在开业初期可以通过折扣、买赠或免费品尝活动吸引客流；
- 建立顾客社群，定期推出会员专属优惠或活动，维持顾客的忠诚度。

2.7 通过分步推理解决复杂问题

在日常生活中，我们面对简单的问题，如1+1，通常依靠直觉快速得出答案；但面对复杂的问题，会自然而然地拆分问题，并进行分步推理。例如，当考虑是否购买一部新手机时，我们可能会做出以下分步推理，并最终得出结论。

（1）评估预算：是否有足够的资金？

（2）对比外观：喜欢哪种设计？

（3）评估当前需求：旧手机是否还能用？是否有更必要的开销？

DeepSeek及其他AI模型则有所不同。面对复杂的问题时，DeepSeek及其他AI模型往往依赖"直觉"进行单步推理，容易忽视逻辑上的连贯性。比如，在解决数学题和逻辑推理题时，它们可能会因为缺乏分步推理的过程而回复错误的内容。

下面在DeepSeep的输入框中输入一个典型的小学数学题，提示词如下：

> 五年级一中队和二中队要到距学校20千米的地方春游。一中队步行，每小时行进4千米；二中队骑自行车，每小时行进12千米。一中队出发2小时后，二中队再出发。二中队出发后几小时才能追上一中队？

DeepSeek回复：

> 一中队在二中队出发前行进了4千米/小时×2小时=8千米。
>
> 二中队的速度是12千米/小时，一中队的速度是4千米/小时。二中队的相对速度是12千米/小时-4千米/小时=8千米/小时。
>
> 二中队出发时，与一中队的距离差是20千米-8千米=12千米。
>
> 时间=距离÷相对速度=12千米÷8千米/小时=1.5小时。
>
> 结果：二中队出发后需要1.5小时追上一中队。

我们改进提示词，将它拆解为分步推理形式，在DeepSeep的输入框中输入改进后的提示词：

> 五年级一中队和二中队要到距学校20千米的地方春游。一中队步行，速度是4千米/小时；二中队骑自行车，速度是12千米/小时。一中队出发2小时后，二中队再出发。

> 计算一中队在二中队出发时行进的距离。
>
> 计算二中队和一中队的速度差。
>
> 根据两队之间的距离差和速度差，计算二中队需要的追赶时间。

DeepSeek回复：

> 一中队的步行速度是4千米/小时，出发2小时后行进的距离是4千米/小时 × 2小时 = 8千米。
>
> 二中队的骑行速度是12千米/小时，相对于一中队的速度差是12千米/小时 - 4千米/小时 = 8千米/小时。
>
> 二中队出发时，与一中队的距离差是8千米 ÷ 8千米/小时 = 1小时。
>
> 结果：二中队出发后需要1小时追上一中队。

可以看到，DeepSeek前后两次回复的内容不同，但是后者更有条理性，而且答案正确。

分步推理方式明确了DeepSeek及其他AI模型在每个阶段需要完成的子任务，使其逐步完成推理，减少依赖"直觉"导致的错误，不仅提高了DeepSeek及其他AI模型所回复内容的准确性，也使其回复的内容更有逻辑性和可解释性。

虽然手动列出分步推理过程需要时间，但是在解决类似的数学题或逻辑推理题时，可以将步骤模板保存下来，做到快速复用。

分步推理方式使DeepSeek及其他AI模型回复内容的方式更接近人类老师的讲解方式，适用于教学或训练场景。

2.8 采用Markdown格式组织内容

Markdown是一种简单易学的纯文本标记语言，用于对文本进行快速排版，特别匹配DeepSeek及其他AI模型的输出格式。例如，DeepSeek在生成长篇文章或表格时，通常自动采用Markdown格式进行分段和排版。

2.8.1　Markdown的基础语法

了解Markdown的基础语法，不仅能让我们更好地理解DeepSeek及其他AI模型回复的内容，还能帮助我们以更清晰的方式与其互动。下面讲解Markdown的基础语法。

1. 标题格式

Markdown用井号（#）表示标题，井号的数量（1~6）决定标题的级别。以下示例展示了如何为一份营销策划案创建提纲：

iPhone 15营销策划案

1. 产品和市场分析

1.1 产品特性

1.2 目标市场和用户群体

2. 营销策略

2.1 产品定价和推广

2.2 社交媒体和内容营销

3. 销售和用户服务策略

3.1 销售渠道

……

其中，一级标题是级别最大的标题，通常为章节标题。六级标题是级别最小的标题，通常为小节标题。

2. 文本样式

Markdown提供了简单的方式来为文字添加粗体和斜体效果。

- 粗体：在文本两侧各加两个星号（**），比如，"**这是粗体**"的效果是"**这是粗体**"。
- 斜体：在文本两侧各加一个星号（*），比如，"*这是斜体*"的效果是"*这是斜体*"。

3. 列表

Markdown支持无序列表和有序列表。

- 无序列表：在每个列表项前都加星号、减号或加号（这三种符号没有层级关系，无论用其中哪一种，都可以实现无序列表）。示例如下：

常用三角函数

* sin

* cos

* tan

- 有序列表：在每个列表项前都加数字和点号。示例如下：

今日食谱

1. 早餐

 - 燕麦粥

  * 燕麦片

  * 牛奶

  * 蜂蜜

2. 午餐

 - 素炒面

  1. 面条

  2. 蔬菜

  3. 豆腐皮

3. 晚餐

 - 红烧肉

  * 猪五花肉

  * 调料：料酒、生抽、糖、盐

 - 煎鲈鱼

  * 鲈鱼

  * 调料：姜丝、蒜末、胡椒粉

4. 表格

在Markdown中还可以轻松创建表格，示例如下：

|姓名|年龄|性别|

|-------|-------|-------|

|小明| 10 | 男 |

|小红| 11 | 女 |

|小刚| 12 | 男 |

效果如表2-1所示。

表2-1

姓名	年龄	性别
小明	10	男
小红	11	女
小刚	12	男

如果有现成的Excel表格，则可以借助在线工具将Excel表格快速转换为Markdown格式。

2.8.2　采用Markdown格式与DeepSeek交互

通过采用Markdown格式，我们可以与DeepSeek更高效地交互。例如，让DeepSeek根据我们提供的文章大纲生成标题和摘要，在DeepSeek的输入框中输入提示词：

> 根据下列文章大纲，帮我起一个标题，并用100字写出文章摘要。
>
> # 全球变暖的背景
>
> ## 原因
>
> ## 历史数据
>
> # 全球变暖的现状
>
> ## 最近的气候变化趋势
>
> ## 二氧化碳的增加量
>
> # 地球的未来

控制升温1.5摄氏度还现实吗

我们能做什么

DeepSeek回复的内容如图2-1所示。

标题：

《全球变暖：挑战、现状与人类共同应对之路》

摘要（100字）：

全球变暖已成为21世纪最严峻的环境议题。本文从工业革命以来的碳排放、森林砍伐等背景原因切入，结合百年气温与冰川消融的历史数据，揭示气候危机的根源。当前，极端天气频发、二氧化碳浓度突破420ppm的现状敲响警钟。面对"1.5°C温控目标"的可行性争议，文章探讨绿色能源转型、碳捕捉技术及国际合作的关键作用，呼吁个人行动与社会政策并重，为地球的可持续发展提供解决方案。

图2-1

2.9 迭代式提问

想象一下，你正在与一位专业健身教练交流。你对健身完全陌生，刚开始无法沟通具体细节，只能简单地对他说："我想增强身体的力量。"

他回应道："好的，我可以为你制订一个健身计划。"

你继续提问："那我应该从哪里开始？"

他回应道："让我们从基础训练开始，比如深蹲和硬拉。"

你又提问："深蹲的标准姿势是什么？"

于是，他详细解释了深蹲的步骤和注意事项。

以上提问方式便被称作"迭代式提问"。

DeepSeek及其他AI模型的独特魅力之一就是能够与我们进行连续对话，因此，我们可以将人与人之间的沟通方式运用到与DeepSeek及其他AI模型的对话过程中。如果与其对话时，一开始无法准确地提出具体问题，就可以从一个简单的问题开始，通过其回复的内容获得启发，逐步精细化问题，也可以引导其改进答案，增加细节、修正错误，甚至产生更多的创意。

接下来通过多个实际案例，演示如何在不同的应用场景中进行迭代式提问。

假设你是一名初级数据分析师，想借助DeepSeek分析销售数据。你可以在

DeepSeek的输入框中输入提示词：

> 我需要对销售数据进行分析，应该从哪里开始?

DeepSeek回复：

> 分析销售数据是一个复杂而重要的任务。你可以从这个步骤开始。
>
> ①确定分析目标：明确你希望通过销售数据分析达成的目标，例如了解销售趋势、用户行为、产品表现等。（以下内容省略）

因为在DeepSeek回复的内容中提到了"了解销售趋势"，所以你可以在DeepSeek的输入框中输入提示词：

> 如何查看销售额的总体趋势?

DeepSeek回复：

> 查看销售额总体趋势的方法如下。
>
> ①收集销售数据：从销售记录或数据库中获取销售数据，确保数据完整并按时间顺序排序。
>
> ②数据预处理：清理数据，删除异常值，确保数据准确。（以下内容省略）

之后，你可以继续提问，在DeepSeek的输入框中输入提示词：

> 我应该用什么图表来展示销售额的变化趋势?

通过这种方式，你可以从广泛的问题逐步深入到具体的分析步骤。例如，假设你是一名新手项目经理，想使用DeepSeek制订一个项目管理计划。则你可能先问："如何制订项目管理计划?"，然后根据DeepSeek的回复接着提问："如何设置项目里程碑?"，之后继续提问："如何为每个里程碑分配资源?"。

假设你是一名法律顾问，想了解劳动法相关信息，则可以在DeepSeek的输入框中输入提示词：

> 我需要了解关于劳动法的最新变化。

DeepSeek回复：

> 劳动法是一个广泛的领域，政策和法规因国家、地区和行业而异。你可以通过政府官网、律师咨询、新闻等渠道了解最新信息。

如果其回复不符合你的预期，则你可以纠正DeepSeek的理解，在其输入框中输入提示词：

我指的是中国的劳动法，特别是2018年12月29日的修订。

DeepSeek回复：

> 抱歉，我了解您指的是中国的劳动法。2018年12月29日修订的一些主要变化如下。
>
> （1）合同期限：（内容省略）
>
> （2）劳动合同解除：（内容省略）
>
> （3）工资支付：（内容省略）

2.10 使用先验知识避免幻觉

约翰·霍普金斯大学的研究人员发现了一种简便的方法，可以减少DeepSeek及其他AI模型中的"幻觉"问题，并提高其回复的内容的准确性。这种方法就是在提示词中加入"根据"（according to）这一关键词，这样，DeepSeek及其他AI模型就被引导去关联先前观察到的文本，从而避免其回复虚假或不准确的内容。这种方法能够让DeepSeek及其他AI模型更倾向于引用已知的、可靠的来源，类似于记者引用消息来源的方式。

DeepSeek及其他AI模型非常擅长根据语法和语义线索进行推理。由于"根据"这一词在新闻中常用于引用来源，所以它容易被DeepSeek及其他AI模型识别为一种提示，从而搜索相关引用信息，并使引用信息的准确率大大提高，提高了其所回复内容的可信度，降低了其生成虚假信息的几率。

举个例子，在DeepSeek的输入框中输入提示词：

淀粉的初步消化发生在消化道的哪个部位？

DeepSeek回复：

> 淀粉的初步消化发生在口腔中，口腔中的唾液酶将淀粉分解成较小的分子。

DeepSeek回复的内容在某种程度上是正确的，但缺乏足够的准确度和细节。

如果我们在提示词中加入"根据"这一关键词，在DeepSeek的输入框中输入提示词：

根据维基百科，淀粉的初步消化发生在消化道的哪个部位？

DeepSeek回复：

> 淀粉的初步消化发生在口腔中，通过唾液中的淀粉酶进行。淀粉酶将淀粉分解为较小的糖分子，这标志着化学消化过程的开始。

可以看到，DeepSeek这次回复的内容不仅更为详尽，准确性也有所提升。

除了使用"根据"这一关键词，我们还可以在提示词中直接输入一些先验知识来引导DeepSeek及其他AI模型回复内容。例如，假设你有两节5号电池插在一个小型电子信号发射器中，待机7个月后电池耗尽。你希望计算该设备的平均放电电流，以便购买容量更大的电池。你可以在DeepSeek的输入框中输入提示词：

我有两节5号电池插在某个电器中一直待机使用，7个月后没电了。假设放电电流是均匀的，则放电电流是多少？

如果DeepSeek无法提供有效的答案，则你可以输入更多的先验知识，例如电池容量及所需的计算公式，在DeepSeek的输入框中输入提示词：

我有两节5号电池，每节容量为2500mAh。请使用公式"放电电流=总容量/放电时间"来计算放电电流。

通过提供这些先验知识，DeepSeek便能有效地进行计算，回复更准确的内容：

> 首先，将电池容量相加，得到5000mAh。假设7个月的待机时间为5040小时，则放电电流=5000mAh÷5040小时≈0.992A（约1A）。因此，平均放电电流约1A。

假设你想了解气候变化的原因，则可以在DeepSeek的输入框中输入提示词：

气候变化的原因是什么？

在DeepSeek初步回复的内容中可能提到自然因素，如冰河期等，但这并不是你关心的人为原因。你可以修改提示词，在其中加入更多的背景信息，比如，在DeepSeek的输入框中输入提示词：

根据国际气候科学界的共识，气候变化的主要原因是人类活动。请问，人类活动对气候变化的影响有哪些？

通过这种方式，DeepSeek能够根据你提供的背景信息，有针对性地回复关于人类活动对气候变化影响的内容。

2.11 用AI模型的"母语"提问

对于DeepSeek及国内大多数AI模型来说，中文是其支持力度较大的语言之一，因此在绝大多数情况下（超过95%），使用中文提问是没有问题的。然而，如果你发现回复的内容不尽如人意，则尝试用英文提问可能是一种有效解决方案。因为英文是许多AI模型训练语料中最为丰富的语言之一，国内的一些AI模型甚至也使用了大量英文语料进行模型训练，如果某个问题在英文语料中出现频率较高，但在中文语料中提及较少或未涉及，则换用英文提问能显著提高DeepSeek及其他AI模型回复内容的质量。

对于个别问题，尤其是在涉及细节或事实时，DeepSeek针对中文和英文提示词回复的内容可能会有所不同，主要区别如下。

- 回复速度：对英文提示词的回复速度通常更快。
- 所回复内容的详细度和准确率：DeepSeek用英文回复的内容通常更为详

细、准确，包含更多细节。

- 视角差异：对于某些问题，DeepSeek用英文回复的内容可能更偏向于西方视角。例如，在询问相同的法律问题时，DeepSeek用英文回复的内容可能更多地引用西方国家的法律条文。

下面通过几个例子，看看何时使用英文提示词会让DeepSeek回复更准确的内容，并对比DeepSeek分别用中文和英文回复的内容。在DeepSeek的输入框中输入提示词：

> 在温室气体排放领域存在一个"范畴三排放"的术语，这个术语较为专业，不容易让人理解。你能解释一下这个术语吗？

DeepSeek回复：

> 很抱歉，我不熟悉"范畴三排放"这个术语。请提供更多的上下文或解释，以便我更好地回答你的问题。

DeepSeek回复失败的原因可能有两个：一是"范畴三排放"不符合常见的中文语序或语法，导致其理解困难；二是在DeepSeek的中文语料中可能缺少相关中文信息。接下来转用英文提问，在DeepSeek的输入框中输入提示词：

> What is scope 3 emissions?

DeepSeek回复：

> Scope 3 emissions refer to indirect greenhouse gas (GHG) emissions that occur as a result of an organization's activities but are generated from sources not owned or controlled by that organization. These emissions occur in the value chain of the organization and can include activities such as the extraction and production of purchased materials, transportation, and the disposal of waste generated from the organization's activities.

将其翻译为中文，结果如下：

范畴三排放指的是组织活动所产生的间接温室气体（GHG）排放，但这些排放来自组织所不拥有或控制的来源。这些排放发生在组织的价值链上，包括购买材料的提取和生产、运输，以及组织活动产生的废物等。

可以看出，输入英文提示词后，DeepSeek顺利回复了准确且详细的内容。这表明DeepSeek对相关知识是了解的，只是因为中文能力的限制，无法理解特定术语。

如果你希望使用英文提示词，但又不熟悉英文，或者需要DeepSeep用中文回复，则可以通过以下3个步骤解决问题。

（1）将中文提示词翻译为英文提示词，重点考虑翻译的准确性，不必考虑字数或语句的流畅度。

（2）在DeepSeek的输入框中输入翻译好的英文提示词。

（3）将DeepSeek用英文回复的内容翻译为中文，与第1步类似，确保翻译的准确性。

2.12 向AI模型"投喂"材料

投喂法常用于AI绘图相关软件，比如Midjourney（Midjourney是一款AI图像生成工具，可以根据文本提示自动创建独特的图像和艺术作品）。

在DeepSeek的输入框中输入提示词：

- 为Midjourney生成图像提示，在同一行中写下描述用语，不使用换行符。
- 用短语"/imagine prompt:"开始一句话的描述，将这些与某种艺术风格或形式结合。
- 从数据库中选择一个匹配的灵感艺术家、导演或摄影师，接着详细描述场景，但不要太多。
- 从数据库中选择色温，对面部表情进行描述。
- 从数据库中选择光线和氛围，附加上拍摄机器的型号、参数、照片风格、色调、灯光、氛围、构图等，提取关键字。
- 你将等待下一个概念或请求更多关于相同概念的说明。
- 描述参考示例的格式，但"不要照抄"。

> **参考：**
>
> /prompt: ultra wide shot, modern photo of beautiful 1970s woman in Hawaii. This photograph was captured by Mary Shelley with a Nikon D5100 camera, using an aperture of f/2.8, ISO 800, and a shutter speed of 1/100 sec.
> - 50个字以内。
> - 对描述语用英文书写。

DeepSeek就会回复符合要求的"Midjourney咒语"（咒语为Midjourney中提示词的简称），如图2-2所示。

/imagine prompt: wide-angle portrait of a contemplative indigenous child in a melting Arctic landscape, inspired by James Balog's environmental photography, cool blue-white tones, subtle despair in expression, Nikon Z7, f/4, ISO 200, 1/125s, documentary realism, stark natural light, asymmetrical framing.

图2-2

Midjourney V6根据DeepSeek回复的内容，所生成的图像如图2-3所示。

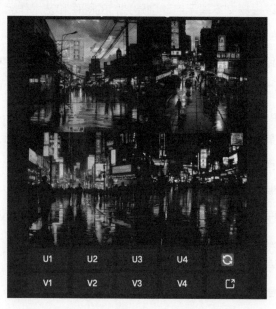

图2-3

第**3**章
创作小红书文案

　　小红书是一个专注于分享和发现生活方式的社交平台，打造爆款笔记是成功运营小红书的关键。而爆款笔记的共同点是标题、封面和正文有吸引力和传播效果。我们可以通过DeepSeek强大的文本生成能力，生成、优化笔记的标题和正文。

　　注意：我们根据自己的使用偏好，将小红书替换为其他平台即可。

　　在DeepSeek的输入框中输入提示词：

> 你是小红书的"美妆博主"，创作过100多篇爆款笔记，擅长抓住热点、突出利益点，并巧妙营造场景氛围。你有丰富的关键词优化经验，能用简单明了的语言写出引人注目的开头。现在，请写一篇关于"择天眼霜"测试的笔记。注意：在笔记的开头要通过描述吸引眼球的场景来引起读者的兴趣，接着引入眼霜测试，并逐一介绍产品亮点。最后，以利益点吸引读者参与测试。

　　DeepSeek回复：

> 夜幕降临，城市的霓虹闪烁，街角的咖啡香与夜风交织成一幅温柔的画面，这正是我放下忙碌、专注呵护双眸的最佳时刻。
>
> 作为资深美妆博主，我对眼部护理产品向来严苛，最近入手的"择天眼霜"引起了我的极大兴趣，于是开启了一场细致的测试之旅，迫不及待想与大家分享真实体验！
>
> 这款眼霜拥有众多亮点。
>
> - 高浓度修复精华：迅速渗透眼周，改善细纹与黑眼圈。
> - 温和配方：适合各种肤质，敏感肌也能安心使用。

- 轻盈质地：不油腻、易吸收，带来清爽、舒适的使用感。
- 持久保湿：全天候锁水，令眼部肌肤时刻焕发青春光彩。

想见证双眸的美丽蜕变？现在参与我的"择天眼霜"测试，不仅有机会抢先体验这款明星产品，还可获得限量美妆好礼！快在评论区留言，告诉我你对眼部护理的期待，我们一起开启美丽新篇章！

如果不满意DeepSeek生成的笔记，则可以向其明确指出不满意的原因，并提供具体的优化建议，要求DeepSeek进一步改进内容。比如，让DeepSeek引用一个与生活相关的场景进行调整。在DeepSeek的输入框中输入提示词：

在刚才的笔记中，开头的场景描述与眼霜内容联系不够紧密，前后衔接显得有些突兀和生硬。其他内容保持不变。

DeepSeek回复：

夜幕降临，城市霓虹闪烁，下班后的我坐在窗边，透过柔和的灯光细看镜中略显疲惫的双眸——那暗沉的眼角正无声诉说着忙碌一天的疲劳。就在这时，我心中涌现一个念头：用一款好眼霜来为双眸注入新生。今天，我决定开启"择天眼霜"的测试之旅，看看它能否给我的夜晚带来惊喜！

作为资深美妆博主，我对眼部护理产品向来严苛，最近入手的"择天眼霜"引起了我的极大兴趣，于是开启了一场细致的测试之旅，迫不及待想与大家分享真实体验！

这款眼霜拥有众多亮点。

- 高浓度修复精华：迅速渗透眼周，改善细纹与黑眼圈。
- 温和配方：适合各种肤质，敏感肌也能安心使用。
- 轻盈质地：不油腻、易吸收，带来清爽、舒适的使用感。
- 持久保湿：全天候锁水，令眼部肌肤时刻焕发青春光彩。

想见证双眸的美丽蜕变？现在参与我的"择天眼霜"测试，不仅有机会抢先体验这款明星产品，还可获得限量美妆好礼！快在评论区留言，告诉我你对眼部护理的期待，我们一起开启美丽新篇章！

可以看到，DeepSeek加入了更多细节，让笔记和眼霜关联得更加紧密。

除了内容创作，还可以在提示词中增加对标题的优化要求，确保生成的笔记不仅正文吸引人，标题也能抓住读者的眼球，激发其阅读兴趣。在DeepSeek的输入框中输入提示词：

你是小红书的美妆博主，创作过100多篇爆款笔记，擅长抓住热点、突出利益点，并巧妙营造场景氛围。你有丰富的小红书SEO关键词优化经验，能用简单明了的语言写出引人注目的标题和开头。

生成10个抓人眼球、能激发读者阅读兴趣的标题，标题需突出眼霜的测试亮点及实际效果，比如"颠覆黑眼圈的秘密武器""眼部焕新计划"等。

DeepSeek回复：

颠覆黑眼圈的秘密武器——眼部焕新计划

双眸重生！揭秘这款眼霜如何轻松击退细纹

告别疲惫眼神，这款眼霜让你焕发青春光彩

试用报告：让暗沉眼周瞬间亮起来的神奇眼霜

不熬夜也能拥有明眸！看这款眼霜如何逆袭

秘密曝光！用这款眼霜轻松重塑年轻双眸

我的眼部焕新之旅：这款眼霜竟能瞬间提亮双眸

眼部护理革命：亲测这款眼霜如何消除黑眼圈

让眼睛重焕光彩的秘密：这款眼霜到底有多神奇？

一夜间逆转眼部疲劳，揭秘这款明星眼霜的魔力！

可以看到，DeepSeek在第1个标题中用"颠覆""秘密"制造悬念，吸引用户阅读笔记；"眼部焕新计划"则暗示了一套完整的解决方案，给人以期待。

第4章

撰写公众号文章

撰写公众号文章向来费时费力。撰写一篇几千字的公众号文章，通常需要半天才能确保其观点明确、内容丰富且易于传播。本节讲解如何使用DeepSeek撰写以"职场沟通"为主题的公众号文章。

在DeepSeek的输入框中输入提示词：

> 请担任一位编程专家，精通多种编程语言（如Python、Java、C++等）和开发工具，熟悉数据结构与算法，了解最新的编程技术趋势。你曾在知名科技公司担任软件工程师，并参与多个开源项目的开发工作。你擅长帮助初学者快速掌握编程知识，同时能为经验丰富的开发者提供深度技术指导。现在，我想写一篇关于编程学习的文章，计划在我的微信公众号上发布。请提供3个关于编程学习的选题。

DeepSeek回复：

> 选题1：《2024年编程语言趋势：Python为何成为"年度语言"的有力竞争者？》
>
> 文章概要：
>
> 引言：
>
> 简要介绍编程语言在软件开发中的核心作用，并阐述2024年编程语言趋势形成的背景与行业现状。
>
> Python的崛起：
>
> 分析Python在今年表现突出的原因，探讨其在AI、数据科学、Web开发等多个领域的广泛应用，以及吸引开发者的核心原因。

生态系统的优势：

探讨Python丰富的库和框架，如TensorFlow、PyTorch、Scikit-learn等，并探讨如何为开发者提供强大支持，推动技术落地和跨领域应用。

未来展望：

展望Python在AI热潮后的发展趋势，同时讨论高性能计算等新兴领域中可能对其构成挑战的新兴替代者。

选题2：《从零到精通：2025年编程学习的最佳路线》

文章概要：

引言：

强调在数字化时代背景下，编程技能的重要性和持续学习的迫切需求，点明提升自身竞争力的关键所在。

明确学习目标：

指导读者根据个人需求设定清晰的编程目标，无论是走向专业程序员道路，还是仅仅掌握基础技能，都应有针对性地规划。

合理制订学习计划：

分享如何利用工作日的碎片时间或周末系统学习，合理安排学习进度，确保理论与实践的平衡。

项目实战的重要性：

以具体案例（如利用JavaScript开发照片墙），说明实践项目对巩固编程知识和提升实战能力的重要作用。

框架与API学习：

阐述在编程语言学习过程中，掌握相关框架与API对顺应当前技术趋势的重要性，并提供选择工具的建议。

总结与资源推荐：

强调理论与实践相结合的重要性，推荐实用的学习资源和平台，帮助读者从零基础逐步走向精通。

选题3：《AI时代的编程新趋势：低代码与无代码平台的崛起》

文章概要：

引言：

阐述AI技术如何重塑传统编程模式，并引出低代码或无代码平台在简化开发流程、降低门槛方面的创新意义。

低代码或无代码平台的优势：

分析这些平台通过自然语言查询、拖拽式操作等方式，让非技术人员也能参与到应用开发中来，极大地拓宽了用户群体。

必学技能介绍：

列举当前热门低代码平台（如OutSystems、Mendix）的使用技巧，同时说明API集成、用户体验设计等关键技能对开发工作的重要性。

实战案例分享：

通过具体案例，展示如何利用低代码平台开发一个简易的工作流管理应用，以及低代码平台在企业数字化转型中的实际应用效果。

未来发展展望：

探讨在AI技术不断演进的背景下，低代码或无代码平台未来可能的发展方向，以及它们给软件开发行业带来的深远变革。

以上三个选题各自聚焦于不同的角度，既有对当前热门编程语言Python的深度剖析，又有针对编程学习路径的全面指导，同时关注了对AI时代开发模式的创新和探索。无论我们是初学者还是行业从业者，这些选题都能为我们提供宝贵的参考价值和实践建议。如果对DeepSeek生成的选题不满意，则可以直接让它重新生成。如果有喜欢的选题，则可以直接告诉DeepSeek并让其接着生成公众号文章。比如，喜欢第2个选题，在DeepSeek的输入框中输入提示词：

请按照第2个选题的思路，写一篇阅读量超过10W浏览量的公众号文章，至少2000字。

DeepSeek回复：

2025年编程学习的最佳路线：从零基础到精通

在数字化时代，编程已成为不可或缺的技能。无论你是计划进入IT行业，还是希望提升个人竞争力，掌握编程语言都将为你带来无限机遇。随着2025年技术的迅速发展，编程学习路径也变得更加清晰、多元化。下面为大家提供一份适用于各阶段学习者的路线图，助你从入门到精通。

一、明确学习目标

在开始学习前，首先要明确你的目标：你是打算开发个人项目，还是成为专业的软件工程师？不同的目标决定不同的学习路径。

- 初学者：目标应专注于掌握基础语法，能够编写简单的程序。
- 有志进阶者：可以选择某一领域，如Web开发、数据科学或AI，深入钻研。

二、选择合适的编程语言

根据兴趣和目标，选择一门适合自己的编程语言至关重要。以下几种编程语言是较为理想的选择。

- Python：入门简单，被广泛应用于数据科学、机器学习及Web开发。
- JavaScript：前端开发核心语言，适用于全栈开发。
- Java：适用于企业级应用和Android开发。
- Go：在高性能系统编程和云计算领域表现出色。

三、制订合理的学习计划

时间管理是成功的重要因素之一。建议每天至少投入1小时进行学习，周末则可适当增加学习时间。举例如下。

周一至周五这样安排。

- 早晨：1小时理论学习。
- 晚间：1小时实践。

周末这样安排。

- 上午：2小时项目实战。
- 下午：2小时复习和总结。

四、夯实基础知识

不论选择哪种编程语言，打好基础是必经之路。建议重点学习以下内容。

- 语法与数据类型：掌握语言的基本结构与数据类型。

- 控制结构：熟练运用循环、条件判断等基本逻辑。
- 函数与模块：理解函数的定义、调用和模块化设计。

五、逐步进阶

在牢固掌握基础后，可以挑战更高级的内容。

- 面向对象编程：深入理解类与对象的概念。
- 多线程与并发：掌握处理并发任务的核心技术。
- 数据库交互：学会如何与数据库进行数据交换。
- Web开发框架：如Django（Python）或Spring（Java）等工具的应用。

六、强化实践项目

理论是基础，实践是提升技能的关键。通过实际项目，你能更好地理解编程在真实场景中的应用。

- 初学者：可以尝试开发简单的计算器或待办事项管理工具。
- 有志进阶者：可以挑战构建一个小型Web应用或开展数据分析项目。

七、持续学习与不断更新

技术更新换代迅速，持续学习是保持竞争力的关键途径。有以下建议。

- 关注行业动态：订阅技术博客，实时了解最新趋势。
- 参与开源项目：通过贡献代码提升技能。
- 掌握新框架与工具：如TensorFlow（Python）、React（JavaScript）等，不断拓宽知识边界。

八、选择优质学习资源

合适的资源能让你的学习事半功倍。

- 在线课程：Codecademy、Coursera等平台提供了优质课程。
- 专业图书：如《Python编程：从入门到实践》等。
- 社区交流：加入Stack Overflow等编程社区，与他人分享经验。

九、掌握高效开发工具

熟练使用开发工具，能显著提升编程效率。

- 代码编辑器：如Visual Studio Code、Sublime Text。

- 版本控制系统：Git是协同开发不可或缺的工具。

十、总结与展望

编程学习是一场持久的马拉松，而非短暂地进行冲刺。保持耐心和热情，通过合理规划、积极实践和持续学习，你将在2025年实现显著进步。无论你是刚刚起步的初学者还是有志进阶者，编程的世界都将为你开启无限可能。

另外，对于公众号文章的标题和大纲，我们也可以通过以上方式让DeepSeek直接生成。

第**5**章

创作直播带货脚本

在抖音、快手、视频号、B站等平台上，带货主播的直播内容往往经过精心设计，包含一系列提高转化率的"套路"。从开场白到产品介绍，再到引导观众添加企业微信或下单，每个环节都配有相应的话术。

借助DeepSeek，我们可以学习同领域优秀主播的话术，借鉴其语言风格，快速撰写出适合自身直播的脚本。具体步骤如下。

（1）选择对标主播：挑选3～5位同领域的优秀主播，收集5～10场高效直播的完整录音，生成逐字稿。这可通过视频会议软件（如腾讯会议、飞书）或实时语音转写工具（如讯飞听见、麦耳会记）实现。

（2）话术分类整理：根据直播流程，将话术分为六大类：开播话术、产品话术、福利话术、转化话术、互动话术和下播话术。整理时需仔细筛选，去除无关的语气词、连接词和错别字。

（3）提炼精华内容：通过分类整理，提取话术中的精华内容。

以图书直播带货为例，首先，我们需要训练DeepSeek，让它掌握图书介绍技巧（产品介绍话术）。

为了让DeepSeek学习多种图书介绍方法，这里通过一段提示词来明确它接下来与我们交互的规则。在DeepSeek的输入框中输入提示词：

> 请你学习一位直播带货主播如何介绍图书。我会分批提供几份图书介绍，你只需要理解其中的话术风格和图书介绍方法，不需要做任何分析或总结，只需回复"知道了"，其他任何操作都不需要进行。现在，请准备好接收这些图书介绍。

DeepSeek回复：

> 我已经准备好学习直播带货主播的话术风格和图书介绍方法了，提供给我第一本图书的介绍。

可见DeepSeek已经理解了提示词，接下来把第1份图书介绍发送给DeepSeek。

在DeepSeek的输入框中输入提示词：

> 接下来，我想向大家推荐一本我个人非常钟爱的书——《算法小讲堂》。这本书不仅广受好评，更在众多算法爱好者中引起了强烈共鸣。它的魅力在于用通俗易懂的语言拆解复杂的算法概念，使初学者能够迅速掌握基础知识。
>
> 该书的作者是一位享誉计算机界的著名科学家，他的贡献在业内具有深远影响，堪比国内知名专家。书中还邀请了几位业界权威，共同解析更深入的算法应用，令全书内容更加丰富、专业。
>
> 总的来说，《算法小讲堂》不仅通过生动的案例和精美的插图帮助读者轻松掌握算法中的核心概念，更适合所有对算法感兴趣的人，尤其是初涉这一领域的朋友。这真是一部难得的佳作，值得大家细细品读。

DeepSeek回复：

> 知道了。

接着提供第二份图书介绍，在DeepSeek的输入框中输入提示词：

> 亲爱的家长们，今天我特别推荐两本适合小学到高中的孩子阅读的AI科普图书：《AI陪你学编程》和《人工智能与未来职业》。这两本书均以漫画形式呈现，既生动、有趣又富有启发力。
>
> 我注意到直播间里的家长们都很关注孩子的成长情况。我家的孩子今年9岁，也非常喜欢这种将科技和故事巧妙结合的图书。这两本书无论是对刚刚接触编程的孩子，还是对高中生来说，都能有效激发他们对AI和编程的兴趣，并帮助他们了解未来科技的应用。

《AI陪你学编程》通过引人入胜的漫画故事讲解编程基础，不仅教会孩子如何编写代码，还借助可爱的AI小伙伴引导他们完成任务，从而培养实践能力和创造力。《人工智能与未来职业》则以角色扮演的方式，带领孩子们探索AI在各行各业中的应用，帮助他们理解AI如何改变未来的职业格局。

总之，这两本书不仅能传授知识，更能激发孩子们对未来科技的好奇心。对于正在培养孩子科技兴趣的家长来说，绝对是一个不容错过的选择！

DeepSeek回复：

知道了。

如果希望DeepSeek学习更多的图书介绍技巧，就可以继续发送相关图书介绍给它。我们提供的内容越丰富，DeepSeek在模仿时就会越接近指定的话术风格。

当我们觉得DeepSeek已经掌握了足够的话术风格和图书介绍方法后，就可以让它根据所学的内容来撰写图书介绍文案了。

提示词：

请使用你刚刚学习的话术风格和图书介绍方法，面向直播间的宝妈们介绍肖灵儿的《DeepSeek应用大全》一书。

DeepSeek回复：

亲爱的宝妈们，今天为大家推荐一本实用性极强的书——《DeepSeek应用大全》。这本书特别适合刚接触AI或希望深入了解AI应用的朋友，尤其是那些在忙碌的家庭生活中仍希望提升生活质量的您。

本书的作者肖灵儿是一位拥有丰富AI实践经验的专家。她通过32个具体操作案例，详细解析了DeepSeek在实际生活和工作中的应用，让您能够循序渐进地掌握如何使用DeepSeek解决各种实际问题。

考虑到很多宝妈平时忙于照顾家庭，可能没有太多时间钻研复杂的技术，书中的每个案例都以通俗易懂的方式讲解，从基础入门，逐步引导您掌握AI的实际操作方法。例如，您可以学会如何使用DeepSeek辅导孩子及提高工作效率，甚至在家庭管理中轻松运用AI技术。

这本书不仅专注于AI技术讲解，更通过生动的案例展示了AI如何贴近我们的日常生活。相信看完本书后，宝妈们不仅能在孩子的教育上得心应手，也能在家庭生活中利用AI技术提升效率、减轻压力。

如果您也希望让AI成为生活中的得力助手，不妨一试《DeepSeek应用大全》，绝对不容错过！

DeepSeek生成的图书介绍在话术风格上更通俗易懂。我们只需对其稍做调整，让其语气更符合我们的风格，就能直接使用。

图书介绍属于产品话术，我们可以采用类似的方法和步骤来创作其他类型的话术。

第6章

打造翻译助手

DeepSeek及其他AI模型不仅能理解人类意图，还能根据上下文做出响应，在处理多种翻译任务时显得更为高效，甚至超越了传统的翻译工具。无论是实时对话中的文本翻译，还是协助撰写不同语言的电子邮件，都能应对自如。

本节详细讲解如何将DeepSeek作为翻译助手来执行翻译任务。

在DeepSeek的输入框中输入提示词：

> 假设你现在是我的英文翻译助手，你只需根据我的需求执行翻译任务，无须回答问题，你明白了吗？

DeepSeek回复：

> 明白了，请告诉我具体需求。

继续输入提示词：

> 请帮我将下面这句话翻译为英文：GenJi您好，您需要采购的食材清单已被发送到您的邮箱，请注意查收。

DeepSeek回复：

> Hello GenJi, the list of ingredients you need to purchase has been sent to your email. Please check your inbox.

在同一个输入框中继续输入以下提示词：

> 请帮我将以上内容改写为一封邮件，需符合以下要求：1. 遵循正式邮件格式；2. 使用正式的书面语言；3. 显示对收件人的尊重。

DeepSeek回复：

Subject: Ingredient List Sent to Your Email

Dear GenJi,

I hope this message finds you well.

I am writing to inform you that the list of ingredients you requested for purchase has been sent to your email. Kindly take a moment to check your inbox at your earliest convenience.

Should you have any further questions or require additional assistance, please do not hesitate to reach out.

Thank you for your attention, and I look forward to your confirmation.

Best regards,

[Your Name]

[Your Position]

[Your Contact Information]

我们再以一份英文产品说明书为例，要求DeepSeek迅速将其分别翻译为中文、日文和法文。

在DeepSeek的输入框中输入提示词：

> 请担任一位资深语言翻译专家，熟悉各国的表达习惯，尤其擅长将英文内容准确翻译为多种语言。接下来，我会发送给你一篇简单的DeepSeek说明书，请你将这篇说明书分别翻译为中文、日文和法文。请确认是否明白。

DeepSeek回复：

> 明白，请您发送说明书。

接着输入提示词：

Introduction

DeepSeek is a cutting-edge language model developed by a premier AI company. Utilizing advanced machine learning algorithms and an extensive dataset of high-quality text, it is engineered to generate human-like language. Whether you need to write essays, create summaries, answer questions, or translate text, DeepSeek is designed to understand and process language with impressive accuracy.

How to Use DeepSeek

Text Generation:

Simply provide a prompt or the beginning of a sentence, and DeepSeek will generate contextually relevant text to complete it. For instance, starting with "The weather today is" might lead to "sunny with a high of 75 degrees."

Question Answering:

Ask any question, and DeepSeek will deliver the most accurate response based on its comprehensive training data. For example, if you ask, "What is the capital of France?" the answer will be "Paris."

Translation:

DeepSeek supports multiple languages. Just enter the text along with the target language. For example, when you input "Translate 'Hello, how are you?' to Spanish," it will return "Hola, ¿cómo estás?"

Summarization:

It can also create concise summaries of longer texts. If you provide a detailed news article and request a summary, DeepSeek will distill the key points into a brief, coherent overview.

DeepSeek回复（内容太长，对日文翻译和法文翻译省略了部分内容）：

中文翻译

介绍

DeepSeek是由一家顶尖AI公司开发的前沿语言模型。它利用先进的机器学习算法和大量高质量文本数据集，旨在生成类似人类的语言。无论您是要撰写论文、创建摘要、回答问题还是要翻译文本，DeepSeek都能以令人印象深刻的准确度理解和处理语言。

如何使用DeepSeek

文本生成：

只需提供一个提示或句子的开头，DeepSeek就会生成与上下文相关的文本来完成它。例如，以"The weather today is"为开头，可能会生成"sunny with a high of 75 degrees"。

问题回答：

只需提出任何问题，DeepSeek就会基于其全面的训练数据提供最准确的回答。例如，如果您问"What is the capital of France?"，答案将会是"Paris"。

翻译：

DeepSeek支持多种语言。只需输入文本及目标语言。例如，当您输入"Translate 'Hello, how are you?' to Spanish"时，它将返回"Hola, ¿cómo estás?"。

摘要：

它还能为较长的文本生成简明扼要的摘要。如果您提供一篇详细的新闻报道并请求摘要，DeepSeek就会将关键要点提炼成一篇简洁、连贯的概述。

日語翻訳

はじめに

DeepSeekは、トップクラスのAI企業によって開発された最先端の言語モデルです。先進の機械学習アルゴリズムと高品質なテキストの大規模なデータセットを活用し、人間のような言語生成を実現するよう設計されています。エッセイの執筆、要約の作成、質問への回答、またはテキストの翻訳など、どんな用途にもDeepSeekは非常に高い精度で言語を理解し処理します。

DeepSeekの使い方

テキスト生成:

プロンプトや文の冒頭部分を入力するだけで、DeepSeekは文脈に沿ったテキストを生成して文を完成させます。例えば、「The weather today is」で始めると……

Traduction en français

Introduction

DeepSeek est un modèle de langage de pointe développé par une entreprise d'IA de premier plan. En utilisant des algorithmes d'apprentissage automatique avancés et un vaste ensemble de données de textes de haute qualité, il est conçu pour générer un langage proche de celui des humains. Que vous ayez besoin d'écrire des essais, de créer des résumés, de répondre à des questions ou de traduire des textes, DeepSeek est conçu pour comprendre et traiter le langage avec une précision impressionnante. ……

可以看到，DeepSeek输出了该产品说明书的中文、日文和法文，充分展示了DeepSeek在多语种翻译方面的卓越能力。在同一会话中，只需通过"继续"关键词，就可以连续生成各个语种的完整译文，并确保上下文一致，为产品的国际化推广提供了极大的便利和支持。

第7章

职业规划

DeepSeek能够访问和分析各行各业的信息，是职业规划的得力助手。通过与DeepSeek互动，用户不仅可以获得个性化的职业规划建议，还可以更清晰地了解自身的优势和兴趣，并更好地整理、撰写职业发展所需的材料，如简历、求职信等。这种对话式交互可以帮助我们探索潜在的职业方向，并提供具体步骤和策略，助力制订切实可行的职业发展计划。

在DeepSeek的输入框中输入提示词：

进行个人职业规划，需要综合哪些信息?

DeepSeek回复：

进行个人职业规划时，需要综合以下多个方面的信息。

1. 自我认知

- 兴趣爱好：了解自己热衷于哪些领域和工作类型。
- 性格特点：评估自己的性格优势与不足，如外向、内向、逻辑思维或创造力等。
- 优势与技能：总结现有的专业技能、软技能和个人才能。
- 价值观：明确哪些工作环境、企业文化或职业使命与你的个人价值观匹配。

2. 教育与职业背景

- 学历与专业背景：分析所学专业是否与目标行业匹配。
- 工作经验：总结以往的工作经历、项目经验及积累的行业资源。
- 培训与认证：评估是否需要进一步进修、考取相关证书或参加培训以提升竞争力。

3. 职业目标与发展规划

- 短期与长期目标：明确近期的职业目标和未来的职业愿景。

- 职业路径：了解目标职位的发展路径、晋升通道及转型可能性。

4. 行业与市场信息

- 行业趋势：关注目标行业的发展动态、技术变革与市场需求。

- 竞争环境：分析行业内的竞争情况及自身在竞争中的优势与不足。

- 薪酬水平与福利：了解目标职位的市场薪酬、福利待遇和工作稳定性。

5. 工作环境与地理位置

- 企业文化：选择与你的个人价值观和工作方式契合的企业。

- 工作地点：考虑生活成本、交通、家庭因素等对工作地点的影响。

- 工作与生活平衡：评估目标职位能否满足你对生活质量和工作压力的预期。

6. 未来的风险与机遇

- 技术与行业变革：预判未来可能的技术进步、市场波动和行业风险。

- 持续学习与自我提升：规划如何通过培训、学习和实践不断提升自己的竞争力。

接下来输入详细的个人背景信息。在DeepSeek的输入框中输入提示词：

我是一名有5年小学语文教学经验的教师，擅长英语口语，并对阅读文学作品感兴趣，接下来我应该如何规划我的职业生涯？

DeepSeek回复：

明确自身优势与兴趣

- 教学经验：拥有5年小学语文教学经历，让你获得了扎实的课堂管理和教学实践能力。

- 双语能力：精通英语口语，这一独特优势为你在双语教学、国际交流等领域开辟了广阔的道路。

- 文学热情：对文学作品的浓厚兴趣不仅能丰富课堂内容，还能成为你职业发展的独特标签。

短期规划：提升与实践

- 课程创新：尝试在现有教学中融入中英文文学元素，设计跨文化、跨学科的阅读与讨论活动，不仅能提升学生的综合素养，还能凸显你的专业特色。

- 专业培训与进修：积极参加双语教学、跨文化教育或文学教育相关的培训、讲座和研讨会，进一步优化教学方法和充实专业知识。

- 校内外交流：加强与同行的沟通，借鉴其他学校或地区在双语和文学教育方面的成功经验，同时参加线上教育论坛，掌握最新行业动态。

长期规划：深化与转型

- 深造进修：考虑攻读教育管理、跨文化教育或文学研究等相关领域的硕士或博士学位，为未来在高层次教学、课程研发或教育管理岗位上的发展打下坚实的基础。

- 教材与课程开发：利用你的双语优势和文学背景，积极参与教材编写、课程设计，甚至尝试开发线上课程，提升在行业内的专业影响力。

- 职业转型或晋升：随着经验和知识的不断积累，你可以考虑申请更高层次的职位，如教研组长、课程负责人，或转型教育顾问、培训师，为更多的教师提供指导与支持。

关注行业趋势与未来机遇

- 政策与市场变化：时刻关注教育政策、双语教育和文学教育的新动向，及时调整发展方向。

- 跨界融合：探索与其他学科或领域的融合机会，例如，利用数字工具推广文学阅读、开展国际交流项目等，这些都是未来教育发展的重要趋势。

可以看出，DeepSeek的职业规划既能发挥提问者的现有优势，又能让提问者通过不断跨界尝试，为未来的职业发展注入新的活力。

我们接下来可以继续提出更具体的问题。在DeepSeek的输入框中输入提示词：

将阅读文学作品与教学相结合，除了开设阅读课程，还有哪些可行性方案？

DeepSeek回复：

> 除了专门开设阅读课程，你还可以尝试以下几种方案，将文学阅读更灵活地融入教学中。
>
> 阅读俱乐部或文学沙龙：
>
> 组织校内或校外的阅读小组，定期讨论文学作品，鼓励学生自由分享见解，培养批判性思维和表达能力。
>
> 跨学科整合项目：
>
> 将文学与历史、艺术、音乐等学科结合。比如，选取具有历史背景的文学作品，让学生探究作品背后的时代故事；或通过绘画、戏剧表演来重现文学情节，加深对文本的理解。
>
> 创意写作与戏剧表演：
>
> 利用文学作品中的人物或情节开展创意写作练习，让学生续写故事或改编剧本；组织戏剧表演活动，通过角色扮演帮助学生更直观地感受文学的魅力。
>
> 项目式学习：
>
> 设计以文学为主题的综合项目，例如文学作品的角色分析、主题探讨或作者生平研究。通过小组合作，鼓励学生进行深度探究和成果展示。
>
> 数字化互动平台：
>
> 利用在线论坛、博客或社交媒体创建虚拟讨论区，让学生发布阅读心得、书评和创意改编。借助多媒体资源（如有声书、电子书、视频解读）丰富阅读体验。
>
> 家校联动及社区活动：
>
> 组织家庭阅读日、邀请作家或专家来校讲座，或与社区图书馆合作举办文学沙龙，让学生在多元环境中接触和讨论文学作品。

　　DeepSeek给出的这些方案不仅可以丰富课堂教学内容，还可以激发学生的兴趣和创造力，培养他们的综合素质和跨学科思维。通过多种形式的活动，学生不仅能深入理解文学作品，还能在合作和实践中锻炼沟通与表达能力。

　　在DeepSeek的输入框中输入提示词：

针对数字化互动平台，给出一些可实现的方案。

DeepSeek回复：

专属阅读社区网站

- 利用论坛或社交平台技术，打造一个专为学生设计的阅读社区网站。学生可在注册账号后，在虚拟讨论区发布阅读心得、书评及创意改编。平台可设置不同的主题，如"畅销书讨论""经典文学赏析""创意改编分享"，并支持评论、点赞、分享功能，形成良好的互动氛围。
- 整合有声书、电子书及视频解读等多媒体资源，提供一个丰富的数字图书馆，让学生在讨论之余能随时查阅相关资源。

博客平台与专栏建设

- 利用WordPress或其他博客系统，为师生创建专栏，定期发布主题文章、书评和推荐阅读内容。
- 鼓励学生在博客下方评论、留言，分享他们的阅读体会和改编创意。同时，在博客文章中可嵌入有声书、电子书和视频解读，丰富内容呈现形式。

社交媒体群组及互动话题

- 在微信、QQ、微博等社交平台上建立专门的阅读群或公众号，定期推送阅读主题、书评及视频解读内容。
- 通过话题讨论、直播互动、短视频挑战等形式，鼓励学生分享阅读心得和创意改编，形成线上线下的联动交流，增加话题热度和用户黏性。

互动学习App开发

- 开发一款专门的阅读互动App，集合阅读、书评、打卡任务、创意改编及社交互动功能。
- 在App中可以内置电子书、有声书及视频解读资源，支持学生直接在书上做标注、评论和进行创意改编；同时引入积分和激励机制，鼓励学生积极参与互动。

- 线上读书会与讨论会。利用Zoom、Teams或其他视频会议平台定期举办线上读书会，邀请教师、作家或资深书评人分享阅读心得和创作技巧。
- 通过分组讨论、问答环节及互动投票，让每位学生都有机会参与讨论和创意改编分享，实现实时互动和深度交流。

互动电子书功能升级

- 在电子书应用中增加互动功能，如在页面中嵌入评论区域、批注工具和创意改编模块。
- 学生可在阅读过程中直接添加自己的观点、改编内容或书摘，并与其他读者进行讨论，形成一个动态的互动阅读环境。

可以看出，DeepSeek给出的方案既能丰富学生的阅读体验，也能激发他们的创意和主动性，从而构建一个多元、互动的数字化阅读平台。

第8章

创业指导

DeepSeek具备提供全面创业指导的能力，能够帮助希望创业的用户在多个关键领域获得专业建议和实用信息，包括市场调查、产品设计、团队建设、融资策略等，为创业者筹划和执行其商业计划提供重要的支持。

在DeepSeek的输入框中输入提示词：

我计划创办一家广告设计公司，需要准备哪些信息？

DeepSeek回复：

在创办广告设计公司前，你需要系统地收集和准备以下信息。

1. 公司定位与概况

你需要确定公司的名称、愿景和使命，明确目标用户群体及市场定位，例如品牌定位和服务范围，同时规划好公司的组织架构和核心团队。

2. 市场调研与行业分析

收集目标市场的规模、发展趋势和潜在需求，分析主要竞争对手的定位、优势和不足，并关注行业最新的技术动态、设计潮流和用户偏好。

在产品与服务规划方面，你应详细规划服务项目，如品牌策划、平面设计、数字广告、创意文案等，明确服务特色与竞争优势（如独特的设计风格和定制化的解决方案），并准备好现有的作品集和案例展示，以树立专业形象。

3. 商业模式与盈利策略

你需要明确收费模式（项目制、长期合作、套餐服务等）、定价策略和利润预估，同时考虑合作伙伴、供应链和外包资源的整合。

4. 营销与品牌推广策略

制定明确的品牌定位、宣传语和视觉识别系统，设计多渠道推广方案（包括线上及线下广告、社交媒体运营、SEO或SEM策略等），并制定用户获取与维护的策略，例如定期活动和用户反馈机制。

5. 财务规划与资金管理

应做好初始投资预算及确认资金来源（如自有资金、贷款或投资），进行营收预测、成本控制和现金流规划，同时搭建盈利模型并评估财务风险。

6. 法律、行政与合规要求

办理公司注册、营业执照及相关资质，做好版权设计、商标注册等知识产权的保护，并做好合同管理、税务规划，同时确保遵守劳动法规。

7. 运营管理与技术支持

需要考虑办公场地的选择和必要设备的投入（包括设计软件和硬件设施），规划内部工作流程、项目管理工具和用户管理系统，并做好人才招聘、培训和团队建设规划。

8. 风险评估

进行风险评估与制定应急预案也是必不可少的。分析市场、竞争和运营风险，提前制定风险控制和应急方案，确保公司在面对不确定因素时能够稳健发展。

接着提需求，在DeepSeek的输入框中输入提示词：

在创业初期，我想先推出一个广告作品用于品牌推广，你对作品设计和推广有什么好的建议吗？

DeepSeek回复：

广告作品设计建议

- 传达品牌价值：设计需要明确展示品牌的核心价值和特色。
- 简单明了：避免复杂的元素，突出品牌名称、广告语和核心信息。

- 情感共鸣:通过设计,激发目标用户的情感连接。
- 创意与差异化:确保广告独特,能在竞争中脱颖而出。
- 适应多平台:确保设计适合不同的展示平台。
- 统一品牌元素:统一品牌色彩和Logo,增加品牌认知度。

推广建议

- 明确目标用户:精准定位,确保广告触及需要的人群。
- 多渠道推广:结合线上及线下渠道(社交媒体、SEO、海报等)。
- 社交媒体互动:鼓励分享、评论等互动,增加品牌曝光率。
- KOL合作:与网红或意见领袖合作,扩大影响力。
- 营销活动:结合广告,推出促销活动,激发目标用户的兴趣。
- 精准投放:利用数据分析工具优化广告投放效果。

在DeepSeek的输入框中输入提示词:

如果采用创造故事的方式来设计广告作品,则请给我一些故事构思建议。

DeepSeek回复:

采用故事化的方式设计广告作品是一种非常有效的策略,它可以增强用户对品牌的情感共鸣并加深印象。以下是一些故事构思建议,帮助你在广告中创造引人入胜的情节。

品牌起源故事

- 构思:讲述品牌创始人的故事,讲述其如何从一个简单的想法或困境出发,通过不懈努力与持续创新,将最初的愿景一步步变为现实,最终创立如今的品牌。通过展现品牌创始人的初心与坚持,传递品牌的使命与价值观,让观众感受到品牌背后温暖而坚定的力量。
- 例子:一个小镇上的手工艺者为了满足人们对美好生活的追求,创办了一个有温度的品牌。

用户转变故事

- 构思:通过一个用户的故事,展示品牌方如何帮助其解决问题、改变生活。例如,品牌产品如何让用户的生活更加便捷、舒适、快乐或充实。

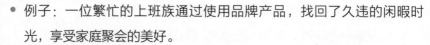

- 例子：一位繁忙的上班族通过使用品牌产品，找回了久违的闲暇时光，享受家庭聚会的美好。

超现实或幻想故事

- 构思：通过奇幻或超现实的情节传达品牌产品的创造力和与众不同。将品牌产品与一些不可能发生的、具有吸引力的情景结合，增加故事的趣味性和记忆点。
- 例子：在一个幻想世界里，品牌产品能帮助人们飞翔或实现梦想，这寓意品牌产品的超强影响力。

团队合作与友情故事

- 构思：讲述一群人或团队如何共同克服困难，达成目标，突出品牌团队的合作精神或企业文化。
- 例子：一群年轻人在创业路上通过合作、创新和不懈努力，最终推动了品牌走向成功。

情感温暖故事

- 构思：通过温暖人心的情感故事，让观众产生共鸣，凸显品牌方的人文关怀。比如，讲述关爱、友情、家庭等情感主题。
- 例子：一位孤独的老人收到品牌方送来的礼物，让他重新感受世界的温暖。

反转结局的悬疑故事

- 构思：通过悬疑故事引发观众的好奇心，最终通过品牌产品来解决故事中的问题，产生意外的惊喜效果。
- 例子：故事从一个神秘的失物案件开始，最终通过品牌产品揭示整个谜团，并带来解决方案。

成长与成功的励志故事

- 构思：讲述一个普通人通过努力与坚持，最终实现了个人或职业目标，品牌产品成为他们成功的助力。
- 例子：一位年轻人通过品牌方提供的资源，克服生活中的重重困难，最终实现了自己的创业梦想。

> 日常小插曲与幽默的情节
>
> - 构思：通过幽默的情节或日常小插曲，展现品牌产品如何融入普通人的生活，轻松解决其日常问题，强调品牌产品的实用性。
> - 例子：一个人常常因为生活琐事而烦恼，品牌方通过一个巧思解决了这些问题，让这个人的生活变得简单、有趣。

通过这些不同的故事构思，我们可以根据品牌定位和目标用户群体，选择最适合的故事类型，创造出吸引观众、打动人心的广告作品。

接下来选择相应的场景并结合自身品牌的特点，让DeepSeek给出更详细的方案。在DeepSeek的输入框中输入提示词：

> 通过奇幻或超现实的情节，传达择天图书品牌的创造力和与众不同。将该品牌与一些不可能发生的、具有吸引力的情景结合，增加故事的趣味性和记忆点。

DeepSeek回复：

> 在一个星辰闪烁的夜空下，择天图书品牌化身为一本发光的神秘图书，每当它的书页轻轻翻动，星辰便重新排列，展现未来的神秘符号。仿佛它拥有改变命运的魔力，让读者在星空下获得无限灵感。
>
> 在超现实的时空裂缝中，择天图书成为一扇魔法之门。每当有人触碰它，便能穿越到一个平行宇宙，在那里，过去、现在与未来交织成奇幻的故事，带领读者体验一次前所未有的时空旅行。
>
> 在神秘的梦幻森林中，每一棵低语的古树都讲述着久远的传说，择天图书品牌则化作梦幻森林的守护者。这本会发光的图书能唤醒沉睡的精灵，引导迷路的旅人，开启一次充满魔力的奇幻冒险之旅。

可以看出，DeepSeek通过奇幻与超现实的情节构思，展示了择天图书品牌独特的创造力和与众不同的魅力。无论是星辰重组、时空穿越，还是梦幻森林，每一个情景都打破常规，激发无限想象，旨在吸引读者探索未知、体验奇迹，并留下深刻的品牌印象。

第 **9** 章

撰写个人简历

简历是求职过程中的关键组成部分，它不仅是我们面试的敲门砖，还能展示我们的专业水平、职业习惯和工作态度。一份精心制作的简历，可以显著提升我们给面试官留下的印象，获得更多的面试机会。我们可以通过使用DeepSeek的高级语言处理功能，撰写一份内容完整、格式规范的个人简历。

在DeepSeek的输入框中输入提示词：

假设你是面试官，你认为一份优秀的简历需要包括哪些要素？

DeepSeek回复：

个人信息

- 包含姓名、联系方式、电子邮箱。

- 可附上专业社交平台链接，便于展示职业形象。

职业目标

- 简明扼要地表明求职意向。

- 阐述与目标岗位的契合度和未来规划。

教育背景

- 列出所获学历、专业及毕业院校。

- 列出学术成绩、荣誉和其他相关学术成就。

工作经历

- 明确记录各阶段的工作单位、职位和在职时间。

- 详细描述职责范围和所取得的成绩，最好附以具体数据。

- 经验较少者可重点描述实习、项目经验或兼职经历。

专业技能

- 罗列与岗位相关的技术能力、语言能力和软件应用能力。
- 列举获得的相关证书，突出专业实力。

补充信息

- 包含参与的重要项目、荣誉奖励、课外活动及志愿服务经历。
- 展示综合素质和团队合作能力。

自我评价或职业宣言

- 突出个人优势和个性特点。
- 表现对未来工作的热情和职业发展目标。

接着输入详细的信息，在DeepSeek的输入框中输入提示词：

以下是我的相关信息，请你从面试官的角度提出具体的修改建议，并生成一份个人简历。Genji，硕士毕业，5年设计工作经历。

在提示词的最后要列出我们的个人信息，如教育背景、工作经验等，越详细越好。注意：在上面的提示词中省略了个人信息。

DeepSeek回复：

以下是一些修改和完善简历的具体建议。

1. 个人简介

建议：增加简短的职业简介，突出你的核心能力和职业方向。

原始版本：没有明确的职业简介。

修改建议：在简历的顶部添加2～3句简单明了的自我介绍，描述你的设计专长、职业目标，以及你对设计行业的热情。

2. 教育背景

建议：列出硕士学位的详细信息，包括学校名称、专业及毕业年份。

原始版本：没有列出硕士学位的具体信息。

修改建议：确保将硕士学位的具体信息放在教育背景的首位，并简要描述相关课程或项目。

3. 工作经历

建议：在列举工作经历时，除了公司名称、职位和日期，还需要具体描述你的成就，尽量量化成果。

原始版本：没有详细列出成就或具体职责。

修改建议：描述每段经历时，都突出你在设计项目中的具体贡献，并展示通过设计带来的影响。例如，增加"设计的广告作品提升了用户的品牌知名度30%"等可量化的成果。

4. 技能

建议：列出与设计相关的技能（如设计软件、编程语言等），并按熟练程度进行排序。

原始版本：没有列出技能部分。

修改建议：创建一个技能部分，突出你精通的软件（如Adobe Creative Suite、Sketch、Figma等），以及其他相关技术（如网页设计、UI/UX设计等）。

5. 项目经验

建议：如果有个人项目或与设计相关的项目经历，则考虑加上，展示你的创意与动手能力。

原始版本：没有列出项目经验。

修改建议：如果有相关的项目经验，则可以在"项目经验"部分列出，并描述你在项目中的作用及项目成果。

6. 荣誉或奖项

建议：如果有与设计相关的荣誉或奖项，则可以加上，特别是那些能体现你在行业内认可度的荣誉或奖项。

原始版本：没有列出荣誉或奖项。

修改建议：在简历中增加此部分，展示你在设计领域的荣誉或奖项。

7. 语言能力

建议：如果你有其他语言能力，则也可以列出，尤其是当你有机会与跨国公司或国际用户接触时。

原始版本：没有列出语言能力。

修改建议：如果有其他语言能力，则加入此部分并写明熟练程度。

8. 简历范本

Genji

联系方式：+86　123 456 7890 | 邮箱：genji@email.com

LinkedIn：linkedin.com/in/genji | 个人网站：genjiportfolio.com

职业简介：

设计师，硕士学位，拥有5年广告与品牌设计经验。擅长视觉创意、品牌策略及用户体验设计，致力于通过创新设计提升品牌价值与用户体验。具备丰富的项目管理经验，能够在快节奏的环境中带领团队完成高质量的设计项目。

教育背景：

硕士学位　| 设计专业

[学校名称] | [毕业年份]

相关课程：视觉设计、品牌策略、用户体验设计

工作经验：

高级设计师

[公司名称] | [起止时间]

- 领导多个广告设计项目，提升用户的品牌知名度30%
- 与市场团队合作，设计创新广告作品，帮助用户提高市场份额
- 精通Adobe Creative Suite，善于优化设计流程，提高团队工作效率

设计师

[公司名称] | [起止时间]

- 为用户设计定制化的品牌标识和广告，成功提升用户的品牌形象
- 管理并执行设计项目，协调跨部门合作，确保项目按时完成
- 负责网页设计和用户体验优化，提升用户转化率15%

技能：

- 设计软件：Photoshop、Illustrator、InDesign、Sketch、Figma
- 其他技能：UI/UX设计、品牌策略、网页设计、动效设计
- 语言能力：汉语（母语）、英语（流利）

项目经验：

- 品牌重塑项目
- 负责为用户进行品牌重塑，设计了新的品牌视觉系统
- 通过新的品牌设计帮助用户提升市场认知度20%

荣誉与奖项：

- 设计大奖：[奖项名称],[获奖年份]
- 优秀设计师奖：[公司名称],[获奖年份]

最后提出进一步的优化要求，在DeepSeek的输入框中输入提示词：

优化这份简历，要求简单明了、易于阅读，并且能够在众简历中脱颖而出。

DeepSeek回复：

为了使简历更加简单明了、易于阅读，并且能够在众简历中脱颖而出，我们可以采用以下优化方法。

- 精简内容：去掉不必要的细节，突出关键成就和能力。
- 简洁的格式：采用清晰的标题、简明扼要的描述，让面试官一目了然。
- 突出成就：通过量化成果来增强简历的说服力，让面试官加深印象。
- 清晰的职业简介：简短有力地表述核心技能和职业目标。

优化后的简历

Genji

联系方式：+86   123 456 7890 | 邮箱：genji@email.com

LinkedIn：linkedin.com/in/genji | 个人网站：genjiportfolio.com

职业简介：

设计师，拥有5年广告和品牌设计经验，专长于视觉创意、品牌策略与UI/UX设计。致力于通过创新设计提升品牌价值与用户体验，熟练领导团队并高效完成项目。

教育背景：

硕士学位 | 设计专业

[学校名称] | [毕业年份]

工作经验：

高级设计师

[公司名称] | [起止时间]

- 主导多个广告项目，提升用户的品牌知名度30%
- 精通Adobe Creative Suite，善于优化设计流程，提高团队工作效率

设计师

[公司名称] | [起止时间]

- 设计品牌标识及广告作品，提升用户的品牌形象
- 负责网页设计与UX优化，提升用户转化率15%

技能：

- 设计工具：Photoshop、Illustrator、InDesign、Sketch、Figma
- 其他技能：UI/UX设计、品牌策略、动效设计
- 语言能力：汉语（母语）、英语（流利）

项目经验：

- 品牌重塑项目
- 设计并实施品牌视觉系统，提升市场认知度20%

荣誉与奖项

- 设计大奖：[奖项名称],[获奖年份]
- 优秀设计师奖：[公司名称],[获奖年份]

优化思路：

简化职业简介：浓缩成2~3句话，突出核心能力和职业目标。

工作经验：重点展示你在每个岗位上的成果，尤其是通过数据或比例来量化成果（如提升品牌知名度30%、提升用户转化率15%等）。

项目经验：精简成一句话，突出成就，避免过多的细节描述。

技能：只列出最相关和核心的技能，避免罗列过多的内容。

荣誉与奖项：仅列出最具代表性的奖项，突出你的成就。

第10章

搭建面试题库

在面试求职的过程中，许多求职者可能因为面试官的提问而感到紧张，担心自己回答不当或无法有效地展示自己的优势。为了帮助求职者更好地准备面试，缓解这种紧张情绪，可以将DeepSeek作为一种模拟面试工具。通过设定DeepSeek模拟面试官的角色，让它生成可能出现在真实面试情景中的问题，以提前练习回答这些问题，从而增强自信并优化表现。

在DeepSeek的输入框中输入提示词：

你现在是新媒体编辑的面试官，请分享在新媒体编辑面试时最常问的10个面试题。

DeepSeek回复：

作为新媒体编辑的面试官，以下是我通常会问的10个面试题，旨在了解候选人的专业能力、创意思维和适应性。

1. 请简要介绍你自己及你的编辑经验。

目的是了解候选人的背景、工作经验及其在新媒体编辑方面的具体经历。

2. 你是如何理解新媒体编辑的工作职责的？

目的是评估候选人对新媒体编辑工作内容和职责的理解程度。

3. 你在处理日常编辑工作时，如何规划和组织内容？

目的是了解候选人如何高效管理时间，确保内容的质量和发布时间。

4. 如何根据不同的平台（例如微信、微博、抖音等）调整内容风格和格式？

目的是评估候选人对不同平台的熟悉程度，以及他们如何根据平台的特点进行内容优化。

5. 如何判断一篇文章或一条内容能否吸引读者？

目的是了解候选人如何评估内容的吸引力和效果，是否有数据分析能力。

6. 请举一个你在过去工作中的成功案例，说明你如何提高了内容的曝光率或互动率。

目的是评估候选人的实际操作能力和过往成就，尤其是如何提升内容的曝光率或互动率。

7. 你在编辑过程中是如何确保内容的准确性和质量的？

目的是考察候选人在处理信息时的严谨性和责任感，是否会审慎核实内容。

8. 你是如何应对内容创作中的灵感枯竭或创意瓶颈的？

目的是了解候选人如何面对创作中的挑战，并采取哪些措施保持创意输出。

9. 你是如何看待数据分析在新媒体编辑工作中的作用的？

目的是了解候选人对数据分析的理解程度，以及如何将数据转化为内容创作的依据。

10. 你是如何与团队成员（例如设计师、营销人员等）合作，共同推进内容项目的？

目的是考察候选人的团队协作能力和跨职能沟通能力，了解其如何与其他部门高效合作。

继续在DeepSeek的输入框中输入提示词：

请你从面试官的角度，对第6个问题给出建议。

DeepSeek回复：

在我的上一份工作中，我们面临产品社交媒体曝光率低的问题。

情景：产品刚上市，社交平台上的互动效果较差。

任务：提升产品页面的曝光率和互动率，尤其是在微博和抖音平台。

行动：我通过数据分析找到热门话题，并围绕这些话题优化内容，同时推出了互动活动（如分享体验抽奖），并优化了标题和图像。

结果：曝光率提升35%，互动率提升50%，粉丝量增长20%。

DeepSeek回复的内容不仅体现了候选人的实际操作能力，也体现了数据分析、创意策划和效果评估等多项技能的结合，而且有明确的量化成果，能够打动面试官。

在DeepSeek的输入框中输入提示词：

给出关于"行动"的更具体案例。

DeepSeek回复：

> 我首先利用微博热搜榜和抖音的热门挑战数据，识别与产品定位高度契合的热门话题，比如"潮流新品"和"极致体验"。针对微博平台，我撰写了一系列紧扣热门话题的创意文案，并设计出视觉效果鲜明的图文模板；同时，我联系了一位拥有10万名粉丝的时尚博主，共同发布了一条产品测评视频，以借助其影响力提升产品曝光率。
>
> 在抖音平台上，我策划了一场以产品体验为主题的互动挑战赛，鼓励用户录制短视频并添加特定话题标签。为了激励用户参与该挑战赛，我设定了抽奖规则，凡参与挑战的用户均有机会赢取产品试用装或小礼品。活动上线后，我每日监控数据，根据用户的反馈不断优化视频描述和封面设计，确保内容更贴近目标用户的喜好。
>
> 这一系列具体行动最终使产品页面的曝光率提升了35%，互动率提升了50%，粉丝量增长了20%，实现了预期目标。

DeepSeek给出的案例展示了提问者在面对社交媒体曝光率低的问题时，如何通过数据驱动和创意内容相结合的方式实施精准营销策略。以上内容表明提问者懂得如何利用微博和抖音平台的热门数据，选取与产品定位契合的热门话题，再通过撰写创意文案、设计视觉模板及与时尚博主合作，有效提升产品曝光率。

第 **11** 章

创意策划

创意在任何行业中都至关重要，它不仅能提高工作效率，还能显著提升业绩和工作满意度。然而，真正的创新往往需要丰富的知识储备和持续的灵感激发才能产生，这在日常忙碌的工作中可能难以实现。

DeepSeek通过其先进的语言模型，为用户提供了一个丰富的灵感库。从行业趋势分析到文化洞察，从市场策略到艺术创作，能够在多个维度提供创意策划支持，帮助用户突破传统思维的局限，激发创新思路。

在DeepSeek的输入框中输入提示词：

进行创意策划可以采用哪些方法?

DeepSeek回复：

> 以下是几种常用的创意策划方法。
>
> 1. 头脑风暴（Brainstorming）
>
> 方法：召集团队成员自由提出想法，不加评判，尽量多产出创意。可以设定一定时限，以使团队成员保持专注。
>
> 优势：激发灵感，产生大量创意，鼓励团队成员合作和互动。
>
> 2. SCAMPER
>
> 方法：SCAMPER可以帮助我们从不同的角度进行创意思考。
>
> - Substitute（替代）：可以替代什么？
> - Combine（组合）：可以将哪些元素结合起来？
> - Adapt（调整）：如何调整现有的解决方案？
> - Magnify（放大）：有哪些方面可以放大或强化？
> - Put to another use（改作他用）：现有的资源可以用于其他方面吗？

- Eliminate（删除）：哪些元素是多余的？
- Rearrange（重新排列）：如何重新组织资源？

优势：系统化思考，突破固有的思维框架。

3. 用户画像（Persona）

方法：根据目标用户的需求、兴趣、行为模式等，创建虚拟人物画像，明确创意的受众。

优势：确保创意符合目标用户的需求和偏好，增加创意的针对性。

4. 逆向思维

方法：从相反的角度进行思考，提出与常规思维相反的创意。例如，如果目标是增加销量，则可以先思考"如何减少销量？"，然后从中找到创新方案。

优势：帮助打破常规，发现不同的视角和机会。

5. 竞品分析

方法：分析竞争对手的创意和策略，找出他们的优点和不足，从中汲取灵感并进行创新。

优势：帮助了解市场的现状和发展趋势，确保创意具有竞争力。

6. 设计思维

方法：基于用户需求，通过调研、原型设计和测试等方式迭代创意，包括5个步骤。

（1）同理：了解用户的需求。

（2）定义：明确问题。

（3）创意：头脑风暴，生成解决方案。

（4）原型：设计低成本原型。

（5）测试：测试并反馈，迭代改进。

优势：以用户为中心，推动创新和产生可执行的创意解决方案。

7. 思维导图

方法：通过图形化的方式，将一个核心创意或主题拆分出多个相关联的子话题，激发不同的联想和创意。

优势：结构化的方式便于思考和整理创意，清晰呈现想法的脉络。

8. 角色扮演

方法：通过模拟不同的角色来探索创意，参与者可以扮演消费者、竞争对手或其他利益相关者，站在他们的角度思考问题。

优势：提供不同的视角，发现潜在的创意机会。

9. 6顶思考帽

方法：使用6种不同颜色的思维帽来激发不同类型的创意思维。

- 白帽：客观分析事实和数据。

- 红帽：表达情感和直觉。

- 黑帽：批判性思维，识别问题和风险。

- 黄帽：积极思维，识别机会和利益。

- 绿帽：创造性思维，产生新想法。

- 蓝帽：控制和组织思维过程。

优势：帮助从多个角度审视创意，确保全面分析和创新。

10. 头脑风暴地图

方法：将头脑风暴的想法可视化成图表，利用图形帮助团队梳理思路，发现潜在的关联性和创意路径。

优势：便于团队成员更直观地理解创意，激发更多灵感。

继续提出具体需求，在DeepSeek的输入框中输入提示词：

请根据以上方法，帮我策划一个以中秋节为主题的短视频创意脚本，要求：符合年轻人的审美，且具有一定的趣味性。

DeepSeek回复：

短视频创意脚本：中秋月光派对

目标用户：

年轻人，尤其是追求个性、有趣、喜爱社交的群体。

喜欢在传统节日中寻找新鲜、创意和趣味元素的年轻人。

主题：

中秋节，月亮不再孤单，你和朋友一起做月亮的"合伙人"！

场景设定：

场景一：现代城市的屋顶露台，繁星闪烁的夜空，几位年轻人围坐在露台上，背后是一轮明亮的中秋月亮。

场景二：室内装饰有创意的灯笼、月饼盒子、星星和月亮的元素，氛围温馨又时尚。

脚本内容：

镜头1：

画面：一个小型月亮模型，仿佛悬挂在屋顶，几位年轻人站在它的下方，拿着自拍杆，背景是美丽的月光。

旁白（轻松幽默）："中秋节，月亮又圆又大，可它还在孤单，不如让我们一起做月亮的合伙人！"

镜头2：

画面：一位女士笑着捧起一盒月饼，打开，取出星月形状的月饼，并向朋友展示。

旁白："连月饼也在找合伙人。"

女士说："看！这款月饼，专为中秋月亮量身定制，是星星和月亮的完美组合！"

镜头3：

画面：几位年轻人聚集在一起，每人拿着一块月饼，站在月亮模型下笑着合影，自拍不断。

旁白："让月亮不再孤单，跟朋友一起庆祝，分享温暖与欢乐！"

朋友A："今天，我们的月亮是最亮的！"

朋友B："我们做月亮的合伙人！"

镜头4：

> 画面：一位男士拿出创意灯笼，变出月亮和星星的灯饰，吸引大家围观。大家互相拍照，玩得开心。
>
> 旁白："我们不仅给月亮做了伴，还为它点亮了星星，让它闪耀整晚！"
>
> 镜头5：
>
> 画面：大家举杯庆祝，镜头慢慢拉远，露台的月亮和他们的笑声交织在一起。
>
> 旁白："让我们一起做月亮的合伙人，让这个中秋节更有趣、更难忘！"
>
> 结尾：
>
> 画面：画面切换为带有节日气氛的品牌Logo和广告语。
>
> 广告语："中秋，不孤单，和朋友一起过节！#月亮合伙人 #团圆有你"。

该短视频创意通过"月亮合伙人"的趣味性切入点，以现代年轻人群体喜爱的社交氛围和幽默元素为主题，打破了传统节日的枯燥感，增加了互动性和现代感，同时符合年轻人对中秋节的新兴需求——既传承文化，又富有创意和趣味性。

还可以让DeepSeek根据创意脚本，写出分镜镜头和拍摄建议。在DeepSeek的输入框中输入提示词：

根据脚本，给出分镜镜头和拍摄建议。

DeepSeek回复：

> 【镜头1】
>
> 画面：在城市屋顶露台上，一个精致的小型月亮模型悬挂于空中，几位年轻人站在该模型下，手持自拍杆，背景是星光璀璨的夜空和柔和的月光。
>
> 拍摄建议：
>
> 使用宽景镜头捕捉整个露台环境，同时安排几组中景镜头展示人物与月亮模型的互动。
>
> 注意夜景光线的运用，可利用辅助灯光营造柔和、梦幻的月光效果，突出星空和月亮的视觉冲击。
>
> 摄像机可缓慢地平移或跟拍，展现人物在月光下自然互动的情景，并利用构图法则将月亮置于画面的黄金分割点。

【镜头2】

画面：在室内环境中，一位女士面带笑容，手捧一个精美月饼盒，打开盒子后展示一块星月造型的月饼，热情地向朋友们展示。

拍摄建议：

采用中景和特写镜头，捕捉女士打开盒子和展示月饼时的细节和表情。

使用柔暖的灯光突出产品细节和温馨氛围，兼顾布景中创意灯笼和装饰的呈现。

可考虑切换到微距镜头，展示月饼的独特造型与细节，营造月饼的质感。

【镜头3】

画面：几位年轻人聚集在月亮模型下，每人手持一块月饼，边自拍边欢笑，现场气氛活跃。

拍摄建议：

采用群体广角镜头捕捉整体的聚会场景，再配合部分近景切换，展示个人表情和互动瞬间。

利用手持稳定器或云台，记录现场的自然互动和自拍镜头，营造出动感和活力。

配合快节奏的剪辑和轻松的背景音乐，传达团聚和欢乐的节日气氛。

【镜头4】

画面：一位男士从包中拿出一个创意灯笼，灯笼瞬间变幻出月亮和星星的光影效果，吸引其他人驻足拍照、围观并互动。

拍摄建议：

从男士的中景切入，随后切换到灯笼的特写，突出灯笼变幻的细节和动态光效。

可运用慢动作捕捉灯光变化的瞬间，增强魔幻感；同时利用光影对比，突出创意效果。

在切换镜头时，注意捕捉现场观众的惊喜表情，为整个故事增加感染力。

【镜头5】

画面：大家举杯庆祝，镜头慢慢拉远，在露台上，月亮与欢笑声交织在一起，营造出浓厚的节日氛围。

拍摄建议：

采用缓慢拉远的镜头，从中景逐渐过渡到全景，展示露台、城市夜景和欢聚场面。

使用稳定器保证画面平稳，同时通过柔焦或光晕效果，增加画面的温馨感和诗意。

注意环境音的采集，如笑声、碰杯声等，搭配背景音乐形成完美的情感收尾。

【结尾】

画面：将画面切换至品牌Logo及广告语，背景充满节日装饰和灯光特效，传达品牌理念。

可以看出，DeepSeek不仅给出了具体的拍摄画面和拍摄建议，还采用了静态或轻微动画效果展示品牌Logo和广告语，确保画面简单且富有冲击力。其中还利用了暖色调灯光和节日装饰营造出浓郁的中秋氛围，同时加入了适当的动态转场效果，为视频画上完美的句号。

第12章

撰写工作总结

在工作场景中，工作总结不但是评估团队绩效和个人贡献的重要工具，而且对提升团队的整体工作质量及个人的职业技能具有显著的影响。尽管撰写工作总结在技术层面上可能不涉及复杂技巧，但它确实需要投入大量的时间和精力。使用DeepSeek撰写有效的工作总结能够客观地评估工作表现和效果，并提升效率。

在DeepSeek的输入框中输入提示词：

请提供一些撰写工作总结的技巧和建议。

DeepSeek回复：

撰写工作总结是一项重要的任务，它能够帮助你反思过去的工作、展示成果并为未来的工作提供改进方向。以下是一些撰写工作总结的技巧和建议。

1. 确定总结的目的

在开始撰写工作总结之前，首先明确工作总结的目的是什么。例如，是用于年终考核、团队汇报，还是对个人职业发展进行反思。确定目的后，你可以有针对性地展示成果、问题和改进点。

2. 结构清晰

一个清晰的结构能使工作总结更易读且逻辑性强。常见的工作总结结构如下。

- 开头：简要说明工作总结的背景与时间段。
- 工作内容：概述你在此期间的主要工作任务。
- 成果与亮点：展示工作成效与具体成果。
- 遇到的挑战与问题：分析工作中的困难与挑战。

- 解决方案与改进措施：总结你采取的解决方案，以及如何改进。
- 展望与计划：对未来的工作进行展望，并制订改进计划。

3. 聚焦核心成果

在撰写工作总结时，避免罗列过多的细节和重复的内容，聚焦于关键的成果和工作亮点。例如，你可以这样做。

- 使用量化的数据来展示成果（如"通过优化流程提升了工作效率20%"）。
- 强调自己的创新或突破性工作（如"成功推动了某项目的跨部门合作"）。

4. 诚实面对问题

不仅要展示成就，还要诚实地面对工作中的不足和遇到的问题。明确阐述出现问题的根本原因，并总结经验和教训，以便在未来改进。

5. 强调个人贡献

在团队合作的项目中，明确说明你在项目中的具体贡献。无论是领导团队、提供创意，还是解决难题，都适当强调自己的作用，有助于展示个人价值。

6. 使用数据支持观点

数据是支持工作成果的有力工具，示例如下。

- 项目的进度和成果：如完成的工作量、达成的目标等。
- 绩效指标：如用户满意度、销售增长量、网站访问量等。
- 时间与成本：如果你能够在特定的时间内完成任务或节约成本，则记得列出具体数据。

7. 提出改进意见

不仅可以总结过去，还可以提出对工作流程、团队协作或资源使用的改进意见。这不仅展示了你的反思能力，也为团队和公司未来的发展提供了建议。

8. 保持简单明了

避免把工作总结写得过于冗长。工作总结的目的是清晰、简单地传达你在一段时间内的工作情况和成果。避免复杂的句式和过度堆砌的内容，确保重点突出、层次分明。

9. 语言客观、中立

使用客观的语言陈述事实，避免过度自夸或过分自谦。尽量保持语言简洁、观点中立，尊重事实，突出自己的工作价值。

10. 结尾展望未来

在工作总结的结尾可以简要回顾过去的工作，并展望未来。明确列出未来的工作目标、计划及如何提升自己，展示你对未来工作的规划和持续改进的态度。

11. 示例框架

（1）工作概述

简要介绍工作总结的时间段、背景及主要任务。

（2）主要工作内容

列出你在这个时间段的工作内容和责任，突出关键项目或任务。

（3）取得的成果

项目1：描述完成的项目，有数据或实际成果支持。

项目2：如果有多个项目，则可以依次列出项目成果。

（4）遇到的问题与挑战

阐述在工作过程中遇到的困难，并分析其原因。

（5）解决措施与改进

说明你采取的措施、改进过程及效果。

（6）总结与反思

总结你的工作经验，反思个人优点和待改进的地方。

（7）展望与计划

明确下一步的工作目标，并制订具体的行动计划。

在DeepSeek的输入框中继续输入提示词：

根据以上建议，帮我写一份"6~8月实习的工作总结"，包括工作进展情况和下一步工作计划等内容。

DeepSeek回复：

6～8月实习工作总结

1. 工作概述

本次实习从6月到8月，为期3个月，主要负责参与公司的产品推广和市场调研工作。作为实习生，我在导师的指导下参与了多个项目的执行工作，主要任务包括社交媒体内容编辑、数据分析、用户反馈收集等。

2. 主要工作内容

- 社交媒体内容编辑与管理。

- 负责撰写发布于各大社交媒体平台（如微博、微信公众号）上的内容。

- 根据不同平台的特点，调整内容风格，确保信息准确且富有吸引力。

- 成果：提升了某款产品的社交媒体曝光率15%，其中，微博平台上的互动率提升了25%。

3. 市场调研与数据分析

- 协助团队进行市场调研，收集竞争对手的信息、用户反馈及市场趋势。

- 通过数据分析，整理相关报告，帮助团队优化产品推广策略。

- 成果：提供了对市场竞争情况的深入分析报告，为下一步的产品策略调整提供了参考依据。

4. 用户反馈收集与整理

- 与用户服务团队合作，收集用户反馈并进行了分类整理，并将其及时反馈给产品经理和市场部门。

- 参与分析用户的痛点和需求，为产品改进提供了有效的建议。

- 成果：整理出100多条用户反馈，提出的建议已经被产品团队考虑并部分落实。

5. 工作进展情况

（1）成果总结。

- 在社交媒体运营方面，撰写了20篇以上的原创内容，吸引了大量受众关注和互动。

- 完成了3次市场调研活动，其中一项调研报告被用于调整市场推广策略，帮助公司优化了产品的定位。
- 提供的用户反馈整理报告被产品经理采用，并已成为产品改进的参考依据。

（2）问题与挑战。

- 在数据分析过程中，因为初次接触市场调研工作，对某些专业分析工具的使用不够熟练，所以部分数据处理时间较长。
- 在社交媒体内容的发布上，虽然已调整内容风格，但仍然面临与目标用户互动不够密切的问题，需要更多地创新内容。

（3）解决措施与改进。

- 提升数据分析能力：通过阅读相关图书和参与团队的会议，已经逐渐掌握了Excel数据分析技巧，并开始尝试使用更高级的数据分析工具（如SPSS和Google Analytics），以提高数据处理的效率和准确性。
- 加强内容创新与互动：针对互动不足的问题，我在与团队讨论后，提出了增加互动活动（如用户问答、抽奖等）的方案，并已与团队一起策划下一期的互动内容，预计能够提升与受众的互动率。

6. 展望与下一步工作计划

（1）增强数据分析能力。

计划在接下来的时间里，掌握数据分析工具的用法，尤其是SPSS、Google Analytics等，争取在未来几个月内独立完成数据分析和报告制作。

（2）提升内容创意与互动性。

我将继续优化社交媒体内容的创意，增加更多的受众互动形式，并尝试根据市场反馈调整内容策略，进一步提升品牌的社交影响力。

（3）参与更多的市场战略规划。

希望能在接下来的实习时间里，参与更多与市场推广相关的战略规划工作，从中积累更多的经验，提升自己的市场策划能力。

7. 总结与反思

这3个月的实习让我在实际工作中得到了许多锻炼与成长，尤其是在社交媒体管理和市场调研方面有了较大进步。通过参与不同的项目，我学会了如何快速适应工作环境，如何通过数据分析为决策提供支持，同时意识到自己的某些专业技能仍有待提升。未来，我将继续努力提升自己的专业技能，为公司的发展贡献更多的力量。

我们可以让DeepSeek接着对以上内容进行补充。比如，在DeepSeek的输入框中输入提示词：

请根据工作内容，深入分析工作中的潜在收获，并将这些信息补充到工作总结中。

此处省略DeepSeek回复的内容。我们可以自行实践，对比DeepSeek两次回复的内容的区别。

第13章

撰写演讲稿

演讲稿是一种在公众场合表达观点、传递信息、激发灵感的重要工具。优秀的演讲稿能够引起听众的共鸣，促进他们思考甚至行动。然而，对于缺乏经验的演讲者来说，撰写一份精彩的演讲稿可能尤为困难，因为这不仅需要丰富的知识积累，还需要掌握一定的语言表达技巧和公众演说策略。DeepSeek能够基于用户的指导生成具有逻辑性、感染力和说服力的演讲稿。

在DeepSeek的输入框中输入提示词：

写一份演讲稿，其中需要包含哪些关键要素？

DeepSeek回复：

写一份演讲稿通常需要包含以下关键要素，以确保内容清晰、有力且能够吸引听众。

开场白

- 引人入胜的开场：使用一个引人注目的开头来吸引听众的注意力。可以是一个有趣的事实、一个相关的故事、一句名人名言、一个问题或一段有趣的叙述。

- 自我介绍：简单介绍自己，尤其是与演讲主题相关的背景或经验，帮助建立与听众的连接。

- 明确演讲主题：简单地说明演讲的核心主题，让听众了解你要讨论的内容。

目标与目的

- 演讲目标：清晰说明你演讲的目的，比如是要激励听众、传授知识、分享经验，还是要进行行动呼吁等。

- **为什么重要**：阐述该主题对听众的意义和影响，让听众感受到演讲内容与他们的关联性。

演讲主体

- **分点陈述**：将演讲内容分成几个小节或要点，对每个要点都做具体阐述，避免内容过于冗长。每个要点都可以包括：

  - ✓ 相关的背景或情况介绍；
  - ✓ 主要论据、事实、数据或案例，支持你的观点；
  - ✓ 生动的例子或故事，让内容更具体、易于理解；
  - ✓ 逻辑清晰的过渡语，使各部分内容连贯。

- **与听众互动**：适当提出问题或邀请听众参与讨论，保持他们的注意力集中并激发思考。

结论

- **总结要点**：回顾演讲的主要内容，确保听众抓住核心信息。
- **强调核心信息**：重申你的核心观点或论点，并强化其对听众的价值。
- **行动呼吁（如果适用）**：如果演讲的目的是鼓励听众采取行动或思考某个问题，则明确表达你希望他们采取的行动或反思的方向。

结束语

- **感谢听众**：感谢听众，表达你的感激之情。
- **结尾呼吁**：可以用名言警句或者激励性的话语来结束演讲，给听众留下深刻印象。
- **告别**：以一种礼貌且自然的方式告别，结束演讲。

其他考虑

- **演讲时长**：根据活动时间控制演讲稿的内容长度，确保其既不拖沓也不紧凑。
- **语言风格**：根据受众的特点调整语言风格，尽量使用简单明了的语言。
- **非语言表达**：考虑肢体语言、语调、眼神接触等非语言表达方式，这些能增强你的表达效果。

在DeepSeek的输入框中继续输入提示词：

请提供一份优秀毕业生在毕业典礼上的演讲稿，要振奋人心。

DeepSeek回复：

优秀毕业生在毕业典礼上的演讲稿

尊敬的各位领导、敬爱的老师们、亲爱的同学们：

大家好！今天，我站在这里，感到无比荣幸和激动。作为一名优秀毕业生，在这充满回忆的校园里，和大家分享我的感受，是我此刻最美好的愿望。

首先，我要感谢我们的母校，感谢所有辛勤的老师们，感谢每一位陪伴我们成长的同学。是你们的支持与鼓励，让我们在成长之路上走得更加坚定，走得更加从容。今天的我们，不仅是学生，更是将要迈向社会、肩负责任的成年人，我们将带着母校赋予的力量和知识，走向更加广阔的天地。

回首过去，我们的大学生涯充满了无数的挑战与机遇。那些令人头疼的考试、夜以继日的学习、和伙伴们一起奋斗的日子，时至今日依然历历在目。我们曾经在图书馆埋头苦读，也曾在操场上挥洒汗水；我们曾因失败而沮丧，也曾因成功而欢呼。而正是这些点滴的经历，塑造了今天更加成熟的我们。

值得庆幸的是，我们不仅收获了知识的宝藏，还收获了成长的力量。我们学会了如何面对失败，如何在困境中寻找希望，如何在茫茫人海中找到属于自己的位置。今天，站在这里的我们，已经不再是懵懂无知的少年，而是即将走向社会，拥有责任与担当的青年。

今天，我们即将挥别这熟悉的校园，踏上新的征程。我想告诉大家，这并不是结束，而是全新的开始。从今往后，我们每个人都将面对更多的选择和挑战。在这个充满变化的世界里，我们会遇到无数的困难与挑战，但正是这些困难与挑战，才让我们变得更强大。未来不会是一帆风顺的，但正如母校一直教导我们的那样，我们要保持对梦想的坚定信念，要勇敢追求自己想要的生活，不畏风雨，不怕坎坷，勇敢迈出每一步。

同学们，今天的我们，将走向更广阔的世界，去实现自己的梦想，去贡献自己的力量。让我们铭记：我们不是为了追求一纸文凭，而是为了实现自己的价值，去改变自己、改变世界。无论未来有多么不可预测，我们都要充满信心，因为我们已经有了足够的能力去迎接挑战。

在此，我想向每一位同学说一句：你们都很棒！我们每一个人都有独特的光芒，正是这份光芒，将照亮我们未来的道路。无论我们未来选择什么样的职业，走什么样的道路，都要做最好的自己，勇敢担当，去创造属于我们的精彩！

最后，衷心感谢母校给我们提供的一切，感谢老师们的无私教诲，感谢同学们的一路相伴。今天，我们站在这里，代表了过去的努力与坚持，也象征着未来无限的可能。

亲爱的同学们，未来属于我们，属于每一个敢于追梦的年轻人！让我们一起，乘风破浪，勇敢前行，迎接属于我们的辉煌明天！

谢谢大家！

在DeepSeek的输入框中输入提示词：

请根据演讲稿存在的问题，对这篇演讲稿进行优化，使之在整体上更加口语化和感人。

DeepSeek回复：

我将进行优化，使其更加口语化、感人，容易引起听众的共鸣。优化的方向如下。

- 语言简单、自然：减少过于正式的语言，采用更贴近生活的表述。

- 情感表达更真挚：增加感情色彩，避免过于平淡，增强演讲的感染力。

- 更具互动性和亲和力：通过引导听众思考和互动，使演讲更具亲和力。

优化后的优秀毕业生演讲稿

尊敬的各位领导，敬爱的老师们，亲爱的同学们：

大家好！今天站在这里，我的心情特别激动。说实话，我有点儿不敢相信这一刻已经到来。四年前，我们也曾怀着激动和不安的心情，踏进这个校园；今天，我们站在这里，准备向这个充满记忆的地方告别，迈向新的人生阶段。

首先，我想对母校说一声感谢，感谢母校给我们提供了一个充实的学习平台，让我们在这里汲取知识、收获成长；感谢每一位辛勤的老师，你们的教诲不仅塑造了我们的专业能力，也引领着我们走向更广阔的未来；还有我的同学们，谢谢你们的一路相伴，谢谢你们分享了无数欢声笑语与泪水。

回想起这四年的时光，我们一起经历了很多：有过焦虑的考试，有过深夜挑灯奋战的学习，也有过谈论未来的心潮澎湃。这一路走来，我们既曾迷茫，也曾充满希望。但我相信，正是那些不曾放弃的时刻，让我们变得更加坚定。今天，我们站在这里，每个人都有属于自己的故事，都是自己命运的主角。

毕业，不是终点，而是新的起点。未来的路并不平坦，可能会有更多的挑战，也会有更多的不确定性。但亲爱的同学们，别怕，请记得那些年我们一起熬过的夜晚，那些为梦想坚持的时光。正是这些点滴的努力和坚持，成就了今天的我们。而接下来的日子，也会因为我们的坚持和勇敢，变得更加精彩。

毕业后，我们会离开校园，去各自的地方追寻梦想。但不管走得多远，我们永远都会是这个大家庭的一部分。请记得，我们不是为了拿到一纸文凭而毕业，而是为了让自己变得更加优秀，去迎接更大的舞台，去创造更多的可能性。

亲爱的同学们，未来的我们，是不畏困难、勇敢追梦的我们。无论未来如何变化，请相信，我们已经准备好了去迎接每一个挑战，去书写属于我们的精彩篇章。

最后，衷心感谢母校，感谢老师，感谢大家在过去四年里的陪伴和支持。让我们一起，带着梦想，带着希望，走向更美好的明天！

谢谢大家！

可以看出，DeepSeek通过简化句子结构，增加了日常对话中的表达方式（如"别怕""走向更美好的明天"），让演讲稿的内容更亲切、自然。在回顾大学生活时加入"那些年我们一起熬过的夜晚""既曾迷茫，也曾充满希望"等情感化表达语句，能让听众产生共鸣。演讲稿在整体上增强了情感的真挚性和亲和力，使听众更容易感同身受，并且更加自然地引导听众去思考未来。

第**14**章

撰写商业计划书

商业计划书是企业获取资金、指导经营活动、吸引投资者的关键文档，不仅展示了公司或企业的商业模式、市场定位和竞争策略，还展示了公司或企业未来的财务预期和扩展计划。良好的商业计划书能够使投资者对企业的潜力和盈利能力一目了然，是商业成功的起点。

DeepSeek可以通过深入的市场调研分析、精准的营销策略制定和详细的财务规划，帮助创业者或企业家详细规划他们的商业路径，最终生成一份既全面又具有说服力的商业计划书。这不仅能减轻创业者在资料准备和数据分析上的负担，还能提高商业计划书的专业度和实用性，为公司或企业的成功奠定坚实的基础。

在DeepSeek的输入框中输入提示词：

> 一份完整的商业计划书应包括哪些内容?

DeepSeek回复：

一份完整的商业计划书通常包含以下关键内容，以确保清晰地展示商业构想、市场机会、财务预测等方面的信息，帮助投资者、合作伙伴等了解项目的可行性和潜力。

执行摘要

- 概述：简要描述商业计划书的核心内容，包括公司概况、业务模式、目标市场、财务预测等。
- 目标：传达项目的独特价值和未来潜力，吸引读者的兴趣。
- 资金需求（如果适用）：如果商业计划书是为融资而写的，则简要说明所需资金和资金的用途。

公司介绍

- 公司概况：包括公司名称、成立时间、注册地址、法律结构（如有限责任公司、股份公司等）。

- 愿景与使命：明确公司的长期目标和存在的意义，强调对市场或社会的价值。

- 业务领域与核心竞争力：阐明公司所处的行业及其独特竞争优势。

市场分析

- 市场需求与机会：分析目标市场的规模、增长潜力和趋势，验证市场需求的存在。

- 目标市场：描述目标用户群体的特点、需求、购买行为、地域分布等。

- 竞争分析：列出主要竞争对手，分析其优、劣势，以及公司如何在竞争中脱颖而出。

- 市场营销策略：概述如何通过营销手段吸引用户，并通过品牌建设、渠道策略等获得市场份额。

产品或服务

- 产品/服务概述：详细描述公司的核心产品或服务，包括功能、特点、解决的问题等。

- 创新性与独特性：突出产品或服务的创新性，说明其与现有市场产品的不同之处。

- 产品发展计划：展示未来的产品改进、创新或扩展计划。

- 知识产权（如适用）：如果涉及专利、商标等，则说明公司的知识产权保护策略。

商业模式与运营计划

- 收入模式：阐述公司如何赚钱，例如直接销售、订阅模式、广告收入、佣金等。

- 运营流程：描述公司的核心运营流程，包括产品生产、供应链管理、服务交付等。

- 合作伙伴与供应链：列出关键供应商、合作伙伴及战略联盟的情况，说明合作关系对业务的支持和作用。
- 技术与设备需求：如果适用，则列出公司运作所需的技术支持和硬件设备。

团队与管理结构

- 创始团队：介绍核心团队成员的背景、经验和在项目中的角色，强调团队的专业性和能力。
- 组织结构：说明公司内部的管理层结构、职责分工及关键岗位。
- 招聘计划（如适用）：描述未来的招聘需求和人才引进策略。

财务计划

- 财务预测：包括未来3～5年的利润表、现金流量表、资产负债表等，展示公司未来的财务健康状况。
- 融资需求与资金用途：如果是为融资而写的，则详细列出所需资金的金额、资金用途和投资回报预期。
- 盈利模式与风险分析：分析公司如何实现盈利，并列出潜在的风险因素及应对策略。

风险评估与应对策略

- 市场风险：分析市场环境变化、竞争加剧等可能带来的风险。
- 运营风险：包括生产、供应链、技术难题等方面的风险。
- 财务风险：如现金流短缺、盈利预测不达预期等方面的风险。
- 法律与合规风险：如知识产权保护、行业监管等方面的风险。
- 应对策略：提出相应的应对措施和解决方案，以减少风险。

发展与扩展计划

- 短期计划：明确公司在未来一年内的关键目标、战略举措和发展方向。
- 长期发展战略：规划公司在未来3～5年的发展蓝图，阐述公司如何在行业中占据领先地位。

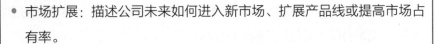

- 市场扩展：描述公司未来如何进入新市场、扩展产品线或提高市场占有率。

附录

- 补充资料：包括团队成员的简历、详细的市场调研数据、财务报表、法律文件、专利、商标或其他相关文件等。

- 图表与数据：包括任何支撑商业计划书内容的数据、图表、统计信息等。

在DeepSeek的输入框中继续输入提示词：

请为一款有定位功能的手环产品，提供一份用于融资的商业计划书。

DeepSeek回复：

商业计划书：智能定位手环产品

1. 执行摘要

本商业计划书旨在介绍我们的智能定位手环产品——TrackBand。该产品结合了最新的GPS定位技术与智能健康监测功能，旨在为用户提供精准的定位服务，同时监测健康数据，尤其适用于儿童、老年人及户外活动爱好者。我们计划通过此次融资筹集资金，推动产品的研发、市场推广及大规模生产。

2. 公司介绍

- 公司名称：择天数字媒体有限公司。

- 成立时间：2023年。

- 业务领域：智能穿戴设备、健康科技、物联网技术。

- 使命：通过创新科技提升人们的生活质量，提供更安全、便捷、健康的智能穿戴产品。

- 愿景：成为全球领先的智能穿戴设备提供商，专注于用户定位、安全及健康管理。

3. 市场分析

- 市场需求与机会：随着人们对个人安全和健康管理的关注不断增加，智能穿戴设备市场迅速增长。据统计，全球智能穿戴设备市场预计将在未来五年内实现年均增长25%。儿童、老年人及户外运动爱好者对定位功能的智能手环的需求持续增加，TrackBand的市场定位恰好填补了这一空白。

- 目标市场：如下所述。

  ✓ 儿童市场：家长对孩子的安全越来越重视，尤其在外出时，精准的定位功能能够帮助家长时刻掌握孩子的动态。

  ✓ 老年人市场：随着全球老龄化的加剧，老年人群体对健康监控和安全保障的需求迅速增长。

  ✓ 户外运动爱好者：跑步、登山、徒步旅行等活动的爱好者，需要精准的位置信息和健康数据监测。

  ✓ 健康与运动管理市场：越来越多的消费者开始关注健康管理，智能手环正成为日常生活中不可或缺的伴侣。

- 竞争分析：当前市场上已有多个智能手环品牌，如Fitbit、Garmin、华为等，但大部分产品偏重健康监测，缺乏精准的定位功能。TrackBand的独特优势在于结合了GPS定位、心率监测、步数记录等多重功能，能够全面满足不同群体的需求。

4. 产品或服务

TrackBand是一款融合了精准GPS定位、健康数据监测和智能通知功能的智能手环。其主要特点如下。

- 实时定位：内置GPS模块，可以实时追踪穿戴者的位置，支持通过智能手机App查看定位数据。

- 健康监测：心率监测、步数计算、睡眠质量分析、运动记录等，提供全面的健康数据。

- 紧急呼叫：内置SOS按钮，穿戴者可以在紧急情况下一键拨打紧急联系人的电话。

- 长效电池：电池续航最长可达7天，满足长时间的使用需求。
- 防水设计：适合日常穿戴和户外运动，具备IP67级防水功能。

5. 市场定位

TrackBand的目标用户群体包括儿童、老年人和户外运动爱好者。通过精准的定位和智能健康监测功能，该产品为家长、监护人及运动员提供了一个高效的安全与健康管理工具。

6. 商业模式与运营计划

- 收入模式：TrackBand的主要收入来源如下。
  - ✓ 直接销售：通过线上电商平台（如亚马逊、天猫、京东等）和线下零售渠道销售产品。
  - ✓ 订阅服务：提供附加的云端数据存储与分析服务，用户可选择付费订阅，以获取详细的健康分析和历史数据。
  - ✓ 企业合作：与保险公司、健身房、学校及其他机构合作，为其用户定制TrackBand。
- 运营计划：如下所述。
  - ✓ 研发与生产：与专业的硬件制造商合作，确保高质量地进行产品生产。研发团队将专注于持续优化定位精度和健康监测功能。
  - ✓ 市场推广：通过社交媒体广告、明星代言、在线内容营销和口碑营销等手段，迅速提升品牌知名度。
  - ✓ 售后服务：建立完善的用户服务系统，提供技术支持、产品维修和用户咨询服务。

7. 团队与管理结构

- 创始团队：如下所述。
  - ✓ 肖灵儿：CEO，具备10年电子消费产品的研发与市场推广经验。
  - ✓ 李艮基：CTO，曾在多家智能硬件公司担任技术总监，拥有丰富的硬件设计和开发经验。

✓ 王婷：COO，负责运营管理与产品供应链，曾在全球知名科技公司担任运营主管。

- 团队优势：拥有强大的技术研发能力、丰富的市场经验和行业资源，能够在智能穿戴行业中快速推动产品的落地与推广。

8. 财务计划

- 融资需求：本轮融资目标为500万美元，资金主要用于以下方向。

  ✓ 研发：250万美元，用于进一步完善TrackBand的技术和功能，提升产品竞争力。

  ✓ 市场推广：150万美元，用于品牌建设、市场营销及用户获取。

  ✓ 运营与团队扩展：100万美元，用于公司日常运营、人员扩充及售后服务体系建设。

- 财务预测：预计在未来三年内，TrackBand将在全球市场占有一定份额，销售收入预计达到1500万美元。初步估算，产品的毛利率为45%，公司预计在第二年实现盈亏平衡，并在第三年开始盈利。

9. 风险评估与应对策略

- 市场竞争风险：面对强大的竞争者，我们将通过持续创新和优质的用户服务维持竞争优势。

- 技术风险：我们将持续进行研发，确保研发技术的领先性，并解决产品中的技术瓶颈。

- 运营风险：对于供应链中断、生产能力问题等方面的风险，将通过多元化供应商和强大的运营管理体系进行规避。

10. 发展与扩展计划

- 短期目标（1年内）：

  ✓ 完成产品的研发和初步测试，推出第一代TrackBand；

  ✓ 在国内市场建立强大的销售渠道，推出品牌营销活动。

- 中期目标（3年内）：

  ✓ 拓展国际市场，尤其是欧洲和北美市场，提升全球知名度；

  ✓ 开发更多针对不同用户群体的产品线，丰富产品种类。

- 长期目标（5年内）：将TrackBand打造成全球领先的智能穿戴品牌，进入更多市场和行业（如健康保险、运动健身等）。

11. 附录

- 创始团队成员简历
- 市场调研数据
- 技术专利
- 产品原型与设计图
- 详细财务报表与预测

可以看出，DeepSeek通过清晰的市场机会、创新产品、明确的商业模式及详细的财务计划，展示了TrackBand的潜力，以吸引投资者的兴趣。

在DeepSeek的输入框中输入提示词：

根据目标市场，制定针对不同用户群体的营销策略。

DeepSeek回复：

针对儿童市场，营销策略应突出家长对孩子安全的关注。可以强调TrackBand精准的实时定位功能和内置的SOS紧急呼叫按钮，为孩子提供全天候的安全保障。同时，可以通过与学校、儿童俱乐部及家长社区合作，举办"孩子安全护航"活动或亲子互动体验，增强产品信任感。此外，利用社交媒体平台上针对家长群体的内容营销（如育儿博客、亲子短视频等），展示产品在孩子日常外出、上学等场景中的实际应用，传递安心、智能的品牌形象。

对于老年人市场，重点在于产品的健康监测和紧急救援功能。在营销时应着重宣传心率监测、睡眠质量分析等健康管理特点，以及一键SOS紧急呼叫带来的安全保障。可以通过社区活动、老年人健康讲座，以及与医疗机构或养老服务机构合作，开展现场产品体验和讲解，帮助老年人及其家属了解如何借助TrackBand提升生活质量。传统媒体如电视、广播也可作为有效渠道，借助温馨、有亲和力的广告内容，传递关爱和安全的信息。

针对户外运动爱好者，营销策略可以强调产品的耐用性、防水设计，以及精准定位与健康数据监测功能。此群体更注重产品在运动过程中的实际表现，因此可以在户外运动赛事、跑步活动、登山徒步等场合进行产品展示和试用体验，邀请运动达人或健身网红进行体验分享，利用短视频平台、运动类社交媒体账号推广产品。通过实地拍摄，展示产品在极限运动中的表现，塑造出专业、时尚且科技感十足的品牌形象。

这份营销策略的细分思路十分清晰，针对不同的用户群体提出了有针对性的推广方案。针对儿童、老年人、户外运动爱好者、健康管理市场及企业客户，分别制定了策略，展示了对目标用户需求的深入理解。并且，每种方案都结合了产品的核心功能，如实时定位、紧急呼叫、健康监测等，逻辑严谨且具有说服力。

第**15**章

撰写商务文档

在商务职场中，各类商务文档的撰写既耗时又考验专业水平——从合同到记录工作成果的报告，再到充满创意的策划方案和吸引人眼球的商品推广文档。借助DeepSeek这一得力助手，商务文档的撰写难度将大幅降低。

在DeepSeek的输入框中输入提示词：

撰写商务文档（合同、报告、推广文案等）的核心技巧和注意事项。

DeepSeek回复：

撰写商务文档时，需要掌握以下核心技巧并了解以下注意事项。

1. 明确文档目的与受众

- 在动笔前，清楚定义文档的目标：是用于法律合同、内部报告还是市场推广？

- 根据不同的受众调整语言风格和内容细节，确保信息传达得当。

2. 建立清晰、合理的结构

- 合同：应包括合同双方、权利或义务、履约期限、支付条款、违约责任等内容，逻辑严密且条款明确。

- 报告：通常包含引言、工作内容、数据分析、成果总结、问题与改进建议、结论与展望。

- 推广文案：需要有抓人眼球的标题、核心卖点描述、详细说明产品优势及明确的行动号召。

3. 使用精准、简洁的语言

- 避免冗长和模糊的表述，确保每个句子都能直击要点。

- 合同等法律文件应采用专业术语，并遵循相关法律规定，确保表述严谨且无歧义。

4. 数据与事实支持

- 在报告和推广文案中，使用具体数据、案例和事实来佐证观点，提升文档的说服力。
- 数据引用应准确，并标明数据来源，以增强信任度。

5. 格式统一与视觉清晰

- 保持标题、段落、编号等格式的一致性，便于读者快速浏览和查找关键信息。
- 对于重要条款或数据，可通过加粗、下画线等方式突出显示。

6. 多次校对与反馈

- 撰写完毕后，务必进行多轮校对，检查语法错误、逻辑漏洞和格式不一致的问题。
- 如有可能，邀请同事或专业人士进行审阅，以确保文档的专业性和可读性。

在DeepSeek的输入框中继续输入提示词：

请说明如何构建清晰、专业的商务文档结构，并确保语言精准、数据有力。

DeepSeek回复：

构建清晰、专业的商务文档结构，需要从整体规划、内容层次、语言表达和数据支持四个方面入手。

1. 整体规划

- 明确文档的目标和受众：在撰写前确定文档是用于内部汇报、合同签署，还是用于市场推广。在目标明确后，可针对不同的受众调整文档的内容和语言风格。
- 制定大纲：先草拟文档的大致结构，包括引言、主体部分（核心内容）、结论及附录，确保各部分逻辑连贯，主题突出。

2. 内容层次与结构设计

- 引言部分：简要介绍文档背景和关键议题，帮助读者快速理解文档的核心内容。
- 主体部分：按照逻辑顺序分层展开，例如：
  - ✓ 问题描述或市场分析；
  - ✓ 数据分析与具体案例；
  - ✓ 建议或解决方案。
- 结论部分：总结核心观点，提出明确的行动建议或未来展望。
- 附录：如果有详细的数据、图表或参考资料，则可将其作为补充内容附在文档后面，这样既不影响主体逻辑，又能为有需求的读者提供更详细的信息。

3. 语言精准与专业表达

- 使用简单明了的语言，避免冗长和模糊不清的描述，确保每句话都服务于文档主题。
- 根据文档类型采用恰当的语气和专业术语，合同、报告和推广文案应各有侧重，但都要求表述清晰、逻辑严谨。
- 定期进行文字校对或邀请同行审阅，确保语法、术语和逻辑的准确性。

4. 数据支持与事实依据

- 用具体数字、图表和案例来支撑观点，增强文档的说服力。
- 在引用数据时务必标明来源，确保数据的可靠性和准确性。
- 在展示数据时，可使用表格、图表等，帮助读者快速抓住重点信息。

基于DeepSeek给出的方案，不仅可以构建结构清晰、层次分明的商务文档，还可以通过精准的语言和有力的数据支持，提升文档的专业性和说服力。

在DeepSeek的输入框中输入提示词：

请列出在商务文档中平衡、客观地陈述与创新表达的写作策略。

DeepSeek回复：

以数据和事实为依据，在结论和建议部分加入富有启发性的语言，使文档既可信又具有创意亮点。

保持语言中立与准确，确保所有数据和陈述均有明确的来源，再通过恰当的比喻或故事化描述为读者提供直观的体验。

利用图表、图示和视觉设计来呈现客观数据，同时配以简洁、创新的解说文字，提升文档的吸引力。

在撰写过程中合理分层，将核心事实与数据放在正文中，在开头或结尾部分运用创新表达方式激发读者的兴趣，达到平衡客观与创意的目的。

第**16**章

规划旅行方案

如果想拥有一次难忘的旅行体验，则量身定制的行程安排至关重要。下面以规划潮汕旅行方案为例，详细讲解如何使用DeepSeek规划旅行方案，踏上独特且充满惊喜的探索之旅。

在DeepSeek的输入框中输入提示词：

撰写潮汕旅行方案的核心规划技巧和注意事项。

DeepSeek回复：

> 撰写潮汕旅行方案时的核心规划技巧和注意事项主要包括以下几方面。
>
> 首先，要明确目标用户和旅行定位。了解目标用户的特点，例如，是以文化美食爱好者为主，还是以历史探访者为主，根据不同用户的需求制定个性化的行程。
>
> 其次，深入挖掘潮汕独有的文化和自然资源。充分调研当地的历史古迹、传统工艺、美食和民俗活动，将这些特色资源有机融入行程安排中。建议参考当地旅游局发布的最新资讯和游客评价，确保信息的权威性和时效性。
>
> 接着，合理规划每日行程和时间安排。根据景区分布和交通情况，设计科学的路线，避免路程过长或重复跑动。应提前核实各景区的开放时间和票务情况，并预留足够的休息和用餐时间，确保行程既充实又舒适。
>
> 此外，注重交通、住宿和预算管理。选择便捷的交通方式和性价比高的住宿地点，确保行程顺畅且经济实惠。建议在旅行方案中明确费用、交通换乘时间及备用计划，以便应对可能出现的意外情况。

最后，结合当地美食与文化体验。潮汕不仅有丰富的旅游资源，更以其独特的美食文化著称。在行程中加入品尝潮汕小吃、参观传统集市、体验地方民俗等项目，使游客在游览景区的同时，能够深入体验当地生活。

以上策略旨在帮助我们制定一份既实用又充满特色和创意的潮汕旅行方案。

在DeepSeek的输入框中继续输入提示词：

我从北京出发，要去潮汕旅行5天，请帮我安排行程，一定要包含当地最热门的旅游景区。

DeepSeek回复：

【第1天：抵达潮汕——探索汕头旧城】

从北京直飞潮汕机场，抵达后入住汕头市区酒店。

午后前往礐石景区，感受汕头老城区的独特韵味，并漫步于历史街区，品尝当地地道小吃。

晚上在汕头沿海夜市体验海鲜美食和夜色的魅力。

【第2天：汕头文化与海滨风情】

上午游览汕头市区的"小公园"老街区，欣赏岭南风情建筑，并参观汕头博物馆，了解当地历史。

中午品尝正宗汕头牛肉火锅或其他特色潮汕菜肴。

下午前往汕头滨海景区，体验海滨休闲时光，可选择海上游船或沙滩漫步。

傍晚观赏夕阳西下，感受海天一色的美景。

【第3天：前往潮州——历史古韵再现】

早晨驱车前往潮州（车程约1.5小时），抵达后入住当地特色客栈。

上午游览潮州著名的开元寺和广济桥，感受千年古刹和古桥的历史沉淀。

中午在潮州品尝传统潮州菜，如潮汕牛肉丸、潮汕粥等。

下午漫步潮州古城，逛逛古色古香的文庙和古街，体验传统手工艺作坊的魅力。

晚上可观看潮州木偶戏或潮剧表演，深度体验本土文化。

【第4天：潮州深度游——品味古城与民俗】

上午参观潮州西湖，既可欣赏湖光山色，也可在湖边品茗休憩。

随后前往潮州古城内的传统市场，体验当地居民的生活气息。

中午在古城内的小吃街品尝地道潮汕美食，如潮汕粿条、卤味等。

下午参加潮州民俗体验活动，如潮绣、陶艺制作等，亲身感受传统工艺。

晚间在古城小巷散步，感受夜幕下的历史韵味。

【第5天：返程前的汕头小记】

早晨返回汕头，途中可停留且品尝最后一顿潮汕早餐。

抵达汕头后可安排半天自由活动，如再次逛逛老街、选购特色手信。

下午整理行李，前往潮汕机场返回北京，结束这段充满文化韵味与海滨风情的旅程。

这份旅行方案既涵盖了潮汕地区汕头与潮州的经典景区，又兼顾了历史、文化与美食体验，旨在为游客呈现一次充实而难忘的潮汕之旅，可以针对需要的行程进行更细致的介绍。

在DeepSeek的输入框中接着输入提示词：

针对第3天行程，给出更细致的计划。

DeepSeek回复：

【第3天：前往潮州——历史古韵再现】

7:00 – 8:30

从汕头出发，乘车前往潮州，车程约1.5小时。在路上可欣赏沿途风光，提前进入旅行状态。

8:30 – 9:00

抵达潮州后，前往预订的当地特色客栈办理入住手续，并享用一份地道的潮州早餐。

9:00 – 10:30

游览潮州开元寺

参观这座拥有千年历史的古刹，感受其古朴庄严的氛围。

细看寺内雕刻、佛像与壁画，了解当地佛教文化的渊源。

10:30 – 11:30

漫步广济桥

走访这座闻名遐迩的古桥，欣赏桥上独特的拱形结构和流水景致。

听导游讲解桥梁背后的历史故事与民间传说，增强文化体验。

11:30 – 12:30

品尝传统潮州菜

在当地知名餐馆享用潮汕牛肉丸、潮汕粥等特色菜肴，感受地道风味。

12:30 – 14:00

探索潮州古城

漫步古城街巷，参观文庙，感受古城的历史底蕴。

逛逛古街、手工艺作坊，选购具有地方特色的纪念品。

14:00 – 15:30

传统工艺体验

参观潮绣或陶艺作坊，亲身体验传统手工技艺。

与工艺师交流，了解工艺背后的故事及传承意义。

15:30 – 17:00

茶文化体验与休憩

前往当地茶馆，参加潮州工夫茶表演，体验品茶的悠闲时光。

与当地居民交流，深入了解潮汕茶文化的魅力。

17:00 – 18:30

返回客栈休息，整理一天的游览感受，并为晚间活动做好准备。

18:30 – 20:00

晚餐时光

在古城内挑选一家口碑好的餐厅，品尝更多潮汕美食，如卤味、粿条等。

20:00 – 21:30

文化演出体验

观看一场潮州木偶戏或潮剧表演，感受浓郁的本土艺术氛围。

演出结束后，可在古城夜色中散步，体验夜晚的古城魅力。

21:30

返回客栈，结束充实而富有文化气息的一天，享受一夜好眠，为第二天的行程做准备。

DeepSeek给出的旅行方案既内容全面、客观，又通过创意和个性化定制激发我们对旅行的热情和期待，尤其是行程安排的层次设计、预算与时间的优化及景区与特色体验的巧妙搭配，这些建议不仅为我们提供了实用参考，也为旅行方案增添了独特魅力，值得在实际规划中借鉴和应用。

第17章

制定理财策略

在家庭财富管理领域，如何合理配置资产、实现财富稳健增值，是众多家庭关注的核心问题。面对市场波动、资产配置不均及未来财务规划的不确定性，制定科学、个性化的理财策略显得尤为重要。

DeepSeek作为智能理财助手，能够基于家庭的财务状况、收入结构、支出习惯、风险承受能力及未来目标等多个维度，综合评估、精准匹配适合的理财方案。无论是资产稳健增值、合理避险，还是子女教育储备、养老规划，DeepSeek都能提供个性化的投资建议，帮助家庭优化资产配置，提升财富管理效率。同时，它能动态监测市场变化情况，为用户提供实时调整建议，确保家庭资产的长期稳健增长，并有效规避潜在的财务风险。

在DeepSeek的输入框中输入提示词：

> 平衡型投资者的资产配置策略。

DeepSeek回复：

> 平衡型投资者的资产配置策略通常兼顾稳健性与收益，既不会过度追求高风险、高回报，也不会因为避险而将主要资金放在低收益的资产中。以下是针对平衡型投资者的一些常见配置思路和建议。
>
> 1. 明确投资目标与风险承受能力
>
> - 目标设定：
>   - ✓ 通常在追求长期稳健增长的同时，期望能在中短期获得一定程度的收益；
>   - ✓ 可能更注重稳定的现金流，以应对生活或工作中的不确定性。
> - 风险容忍度：
>   - ✓ 能够接受一定幅度的净值波动，但不希望大起大落。

✓ 需要兼顾收益增长与本金安全之间的平衡。

2. 资产类别与大致配置比例

以下比例仅作参考，投资者应根据自身和市场变化情况进行动态调整。

- 股票（40%～60%）
  - ✓ 分散投资行业与区域：配置不同国家和地区的优质股票，避免过度集中于单一行业或个别企业。
  - ✓ 选择稳健型或蓝筹股：在一定程度上兼顾成长型与稳定的分红收益，降低过度波动的风险。
  - ✓ 适当加入成长型个股：如果风险承受能力较高，则可增加少量高成长型个股以增强整体收益。

- 债券或债券型基金（20%～40%）
  - ✓ 政府债券与企业债券结合：政府债券通常风险较低，企业债券的收益通常更高，适当分配，可提升整体回报且降低风险。
  - ✓ 关注信用评级与期限：选择信用评级较高的债券，避免过度集中在长期债券上，以降低利率波动风险。

- 现金或货币市场基金（5%～10%）
  - ✓ 保持流动性：针对意外支出或市场大幅波动时的应急资金。
  - ✓ 灵活配置：在市场不确定性增加时，可以增加现金或货币基金的配置，以保持更高的机动性。

- 其他资产（0%～10%）
  - ✓ 黄金或大宗商品：可在通胀或市场波动时提供一定的对冲作用。
  - ✓ 房地产或REITs：提供稳定的现金流，兼顾资本增值潜力。
  - ✓ 基金或ETF：降低个人选股难度，借助基金经理或ETF的专业能力实现分散投资。

3. 动态再平衡

- 设定再平衡区间：可以根据每半年或每年一次的周期，或者在资产比例偏离目标一定幅度时（如±5%），进行再平衡操作。
- 保持目标配置：再平衡操作能帮助投资者"高抛低吸"，在某个资产类别短期上涨过多后减仓，同时买入相对低估或下跌过度的资产类别。

4. 风险控制与投资纪律

- 设定止损和止盈策略：
  - ✓ 对波动性较高的资产可预先设定止损线，防止单一资产大跌带来过大损失；
  - ✓ 在部分获利后也可分批止盈，锁定收益。
- 持续学习与关注市场：
  - ✓ 及时跟进宏观经济及政策动向，结合市场变化调整配置；
  - ✓ 关注企业基本面，避免由于信息不对称造成的决策失误。
- 避免非理性操作：
  - ✓ 不跟风炒作和盲从市场情绪；
  - ✓ 谨慎使用杠杆或衍生工具，防止亏损进一步扩大。

5. 关注投资周期与个人需求

- 个人生命周期：
  - ✓ 年轻时容忍度较高，股权类资产可以比重大一些；年长时倾向于保本和稳定的收益，债券和货币类资产占比可增多；
  - ✓ 随着年龄、家庭结构或职业发展等因素的变化，可以逐渐降低高风险资产比重，增加债券或稳健型资产的占比。
- 定期评估目标：
  - ✓ 根据个人财务状况和市场环境动态调整配置；
  - ✓ 如果有重大支出计划（如买房、教育、旅行等），则也要预留相应的流动资金或提高安全资产的比重。

DeepSeek对于平衡型投资者给出的建议是，在追求收益的同时维持相对稳定的风险水平。在不同的市场环境下和个人发展阶段，投资者应不断调整策略，确保投资组合始终与自身风险承受能力和目标相匹配，从而长期保持稳健的财富增长。

在DeepSeek的输入框中继续输入提示词：

请提供2025年适合平衡型投资者的资产配置方案，要求能产生稳定的现金流并抗通胀。

DeepSeek回复：

一、配置思路概览

稳健增值与通胀对冲并重：

- 适度配置通胀相关资产（如通胀保值债券、REITs、资源类股票等），以应对通胀压力；

- 关注高股息或高票息资产，提供持续的现金流。

分散投资与降低波动：

- 不同的资产类别在不同的经济周期表现差异较大，将其分散投资，可降低整体的波动性；

- 关注流动性与风险收益比，避免过度集中于单一资产。

动态调整与再平衡：宏观经济环境和通胀水平可能快速变动，应根据市场状况定期评估并微调组合结构。

二、资产配置框架（参考比例）

以下为一个示范性框架，建议根据个人财务目标、风险承受能力及市场动态进行调整。

- 股票类资产（40%）。

- 优质蓝筹和高股息股票（25%~30%）：选择现金流稳定、分红记录良好的企业，例如公用事业、必需消费品、部分金融机构等。这些企业通常在经济波动时也能维持较为稳定的盈利，从而提供相对稳定的股息收入。

- 成长型或通胀受益行业（10%~15%）：

  ✓ 大宗商品、能源或基础材料类公司在通胀上行期间往往具备一定的抗通胀属性；

  ✓ 筛选具有较好成长前景的科技、新能源或医疗健康企业，平衡稳定性与增长潜力。

- 债券类资产（30%）。

- 优质企业债券或公司债券（10%~15%）：选择信用评级较高的企业，以获取高于国债的票息，同时控制违约风险。

- 政府债券或准政府机构债券（5%～10%）：虽然收益率可能相对较低，但在市场动荡时能起到一定的"避风港"作用。

- 通胀保值债券（TIPS）（5%～10%）：
  ✓ 随通胀率浮动的本金与利息，能在通胀环境下起到一定的保护作用；
  ✓ 建议根据实际的通胀预期适当配置，既能获得稳定的票息，又能对冲通胀风险。

- 房地产投资信托（REITs）（10%）：
  ✓ 将商业REITs与住宅REITs结合；
  ✓ REITs通常有定期分红，能够提供稳定的现金流；
  ✓ 在通胀环境中，房租与物业价值也有机会随价格上涨而增加，具备一定的抗通胀特性；
  ✓ 可考虑将资金分散到多个国家或地区的REITs，避免单一区域经济下行的风险。

- 大宗商品或贵金属（5%～10%）。
  ✓ 黄金或其他贵金属ETF。黄金在长期内具备通胀对冲功能，也可在地缘政治或经济不确定时提供避险价值。
  ✓ 大宗商品ETF或相关股票。能源、农业、金属等板块在通胀上行时往往具备上涨动力，但波动也相对较大。
  ✓ 5%～10%的配置比例可以在一定程度上提升组合的抗通胀能力和多元化属性。

- 现金及货币市场工具（5%～10%）。
  ✓ 流动性储备。保持一定比例的现金或货币基金，用于应对突发情况及投资机会。
  ✓ 灵活再平衡。当某类资产短期上涨过度或下跌过度时，可以通过现金头寸适时买入或卖出，进行资产组合再平衡。

三、如何保持稳定的现金流

- 分红与利息来源：
  - ✓ 投资高股息股票、分红型基金、优质债券及REITs，以获取持续的被动收入；
  - ✓ 关注不同资产在不同市场周期下的分红或利息变动情况。
- 分散现金流渠道：
  - ✓ 避免将所有资金都集中在单一的现金流来源上；
  - ✓ 不同的资产类别（股票、债券、房产、商品等）均能产生一定的现金流，可互为补充。
- 选择稳定的派息标的：研究公司的财务稳定性及分红可持续性，避免因市场的短期冲击而大幅减少或暂停派息的风险。

四、抗通胀建议

- 通胀保值资产：
  - ✓ TIPS、REITs、黄金及资源类股票等，都能在通胀攀升时提供一定的防御或增值能力；
  - ✓ 保持对宏观经济环境、货币政策及原材料价格的持续跟踪。
- 适当加配成长型行业：
  - ✓ 一些具备定价权或创新优势的成长型企业，能够在通胀环境中维持或提升利润率；
  - ✓ 但要注意控制仓位，避免过高的估值风险。
- 动态调整：随着通胀水平及利率预期的变化，定期评估债券久期、股票估值及各资产的通胀敏感度，及时进行配置微调。

五、风险控制与再平衡

- 设置止盈止损策略：当某类资产在短期内大幅上涨时，建议分批止盈或降低仓位。
- 定期再平衡：建议每半年或每年进行一次组合审视，根据市场表现和个人目标调整各资产类别占比，将偏离目标区间过多的部分重新分配。

> ✓ 及时止损：如果发生重大利空或基本面恶化，则也需及时止损。
>
> - 关注宏观环境：
>   ✓ 全球经济周期、通胀与利率变动对资产价值有重大影响，需要保持
>   对政策与经济数据的敏感度；
>   ✓ 地缘政治风险可能导致市场波动，也要纳入投资考量范围。

对于平衡型投资者而言，DeepSeek建议，在2025年追求稳定的现金流与抗通胀的关键在于多元化布局、动态再平衡及精选分红和通胀保值资产。

在DeepSeek的输入框中接着输入提示词：

如何针对年轻人家庭做全生命周期的资金规划?

DeepSeek回复：

一、初步规划阶段：建立财务安全网

紧急备用金

- 目标金额：一般建议预留3~6个月的家庭支出费用作为紧急备用金，具体费用可根据家庭收入的稳定性和负债情况酌情调整。
- 存放方式：建议将紧急备用金放在流动性较好的货币基金、低风险理财或活期储蓄账户中，确保在紧急情况下能够快速取用。

基础保障类保险

- 医疗险与重大疾病险：年轻人家庭往往面临育儿、房贷等经济压力，一旦遭遇重大疾病，就可能冲击家庭财务。可优先配置医疗险和重大疾病险，以转移医疗费用风险。
- 寿险或定期寿险：如果家庭支柱不幸身故，则定期寿险可保障其配偶与子女的生活，维持家庭财务稳定。
- 意外险：对意外风险具有高杠杆、低保费的特点，是基础保障中的"性价比之选"。

二、成长期：资产积累与住房规划

控制负债并合理使用贷款

- 购房计划：结合当地房价、工作稳定性和未来升值潜力，量力而行。在必要时可使用公积金或商业贷款，但应避免过度负债，月供一般不应超过家庭月收入的30%~40%。

- 消费性贷款谨慎对待：信用卡或消费贷利率较高，除非确有必要（如合理装修、教育培训等），应该避免过度使用。

子女教育基金筹备

- 专款账户或教育理财产品：在孩子出生后即开始定投或储蓄，利用复利效应为未来的教育支出做准备。

- 保险与教育金结合：如果担心有家庭风险，则可考虑带有教育金功能的年金险或储蓄型保险，但需要评估收益率及流动性。

稳健投资与资产增值

- 多元化投资组合：在房贷等刚性支出压力下，仍可将部分可投资金投入股票、债券、基金或指数型ETF，实现中、长期资产增值。

- 定投与长期持有：年轻人家庭通常有较长的投资周期，可通过基金定投逐渐积累，分散市场波动风险。

三、成熟期：高峰收入与子女教育

平衡现金流与家庭支出

- 子女教育支出在此阶段可能成为主要负担，包括课外辅导、兴趣班、升学考试等。需要结合家庭收入状况和子女发展方向，提前做好教育资金规划。

- 如果家庭收入进一步提升，则可逐步提升投资比例，锁定更多的长期回报。

强化保障与财富保全

- 完善保险体系：在已有的医疗险、重疾险和寿险的基础上，可根据家庭规模和资产增长情况适度加保，或升级保额。

- 财产与责任保险：如果购买了房产或汽车，则应为房屋、车险或家庭财产增加适当的保障，转移潜在损失。

优化投资组合

- 根据收入和支出变化，对股票、债券、房地产、私募股权等资产进行适度配置，让家庭财富在相对可控的风险下获得较高的成长性。

- 持续关注市场与政策环境的变化，适时调整投资结构。例如，在通胀环境中可适度配置抗通胀资产（如REITs、大宗商品等）。

四、转型期：子女独立与退休前准备

子女独立后的资金再规划

- 当子女逐渐具备经济独立能力，教育开支减少时，家庭可将部分资金从教育金转移到养老储备或其他投资上。

退休规划与养老金储备

- 社保与企业年金：确保社保（养老、医疗）持续缴纳，并了解企业年金或职业年金的储备情况。

- 商业养老保险：如果对退休后的生活品质有更高的要求，则可配置商业养老险或储蓄型理财，获取稳定的收益。

- 延长投资周期：退休前的5~10年尤为关键，可在此阶段根据自身的风险承受能力，适度提高安全性资产（如债券、货币基金）的比例，但也不能完全放弃增长型资产，以抵御通胀和长期医疗费用的压力。

调整资产配置以降低波动

- 随着年龄的增长，收入及风险承受能力下降，适度减少高风险资产（如股票、私募股权）的持有比例，提高稳健性资产（如国债、债券基金、货币基金）的占比。

五、退休与传承阶段

退休后的现金流管理

- 建立一个退休账户来应对日常开支，如养老金、商业养老险收益、基金分红等，保持退休后的稳定收入。

- 适度保持流动性：可留出一定比例的资金用于购买货币基金或短期理财，以备突发医疗或家庭支出。

保障与医疗开支

- 随着年龄的增长，医疗支出占比可能增加，应确保医疗险、护理险或养老社区服务等方案的可持续性。
- 注意产品的续保条件、等待期和保费水平，避免因年龄增长导致无法续保或费用过高。

财产传承与税务规划

- 结合当地法律和税务政策，提前做好遗嘱或财产分配方案，并可考虑通过信托等工具实现子女或后代的有序继承。
- 如有意愿，则可在合适的时机进行财富慈善或遗赠安排，亦可咨询专业律师和税务顾问，以免产生不必要的遗产税或财务纠纷。

结语

针对年轻人家庭的全生命周期资金规划，核心在于"安全垫+分阶段目标+动态调整"。

- 安全垫：通过紧急备用金和保险建立基础保障。
- 分阶段目标：从住房、子女教育、财富增值到退休养老，在每个阶段都设立清晰的财务目标和可执行方案。
- 动态调整：随着收入、负债与家庭结构的不断变化，持续完善投资组合和保障体系，确保在关键的人生节点上拥有足够的资金和资源。

在DeepSeek给出的建议中，建议投资者坚持长期规划与系统管理，这不仅能使年轻人家庭更从容地应对各种经济压力，还能确保其在未来拥有更高的生活品质与财务自由度。

在DeepSeek的输入框中输入提示词：

> 我是一名平衡型投资者，有一个普通的四口之家，手中有100万元可控资金，担心利率下降影响购买力。请推荐2025年的资产配置方案，要求能产生稳定的现金流、抗通胀。

DeepSeek回复：

一、配置思路概览

稳定的现金流：

- 关注高股息股票、分红型基金、优质债券与REITs，以定期派息或利息收入为主，确保家庭日常或紧急开支得到持续补充。

抗通胀与分散风险：

- 在通胀压力下，适度配置能够对冲通胀的资产（如通胀保值债券、黄金、商品、REITs）；
- 保持多元化布局，平衡不同资产在不同经济环境下的表现差异。

应对利率下行：

- 当利率下行时，固定收益产品的利率优势可能减弱，但相对也会推高部分债券或固定收益型资产的价格；
- 结合短久期或浮动利率型债券，减少利率下行的风险；
- 灵活利用现金头寸，逢低买入潜力型资产。

二、建议配置方案（示例占比）

以下为一个示范性的资产配置参考框架，可根据家庭实际状况灵活调整。

资产类别	占比	资金（万元）	主要目标与特点
股票/偏股型基金	35%	35	获取较高分红/股息及长期增值，适度兼顾成长型企业以对冲通胀
债券/债券型基金	30%	30	稳定票息收入＋兼顾通胀保值债券，平衡波动、对冲利率下行风险
REITs（房地产信托）	10%	10	稳定租金分红，具备一定抗通胀属性；补充现金流来源
黄金/大宗商品/商品基金	10%	10	通胀对冲，分散风险；在地缘或经济不确定性时具备避险功能
现金/货币型基金/短期理财	10%	10	保持流动性，应对家庭突发需要；在利率环境变化时可迅速调整投资
合计	100%	100	—

下面对其中的各个部分进行具体解读与操作要点说明。

1. 股票/偏股型基金（约35万元）

高股息或稳健分红股票（20~25万元）：

- 优先考虑具有长期、稳定盈利和派息记录的蓝筹或公用事业类企业（如消费品、公用事业、银行等），以及高股息ETF；

- 在利率下行环境中，高股息类资产的吸引力上升，可提供稳定的分红并具备一定增值潜力。

成长型或通胀受益板块（10~15万元）：

- 在行业方面可关注能源、大宗商品相关企业、新能源或医疗健康板块。这些板块在经济复苏或通胀上行期间往往具备较好的防御属性，但波动也相对较大，仓位不宜过重；

- 可选择指数基金或行业ETF，分散单一股票风险；

- 定期审视估值、分红率及公司财务稳健度，在必要时止盈或调仓。

2. 债券/债券型基金（约30万元）

优质企业债券或公司债（10~15万元）：

- 关注信用评级较高的企业或龙头公司发行的债券，在票息相对稳健的同时降低违约风险；

- 可通过债券型基金或ETF进行分散投资，减弱个体违约的影响。

政府债券或准政府机构债（5~10万元）：

- 虽然收益率相对较低，但在市场波动时能提供避险功能；

- 可考虑中、短久期债券，减弱利率不确定对价格的影响。

通胀保值债券（TIPS等）（5~10万元）：

- 结合实际的通胀率浮动本金与利息，能在通胀环境下提供更好的保值功能；

- 适度配置，以对冲整体组合的通胀风险；

- 适度分散在短久期与中久期债券中，以兼顾收益与抗利率波动；

- 如果利率可能进一步下行，则持有债券的价格有望上涨，但要防范信用风险（企业债券）和长期利率波动（国债）。

3. REITs（房地产信托）（约10万元）

商业/住宅/工业REITs：

- REITs提供租金收益，通常分红率较高，并且租金可随通胀或市场行情上涨，具备一定的抗通胀属性；
- 分散投资不同类型的REITs（如住宅、办公楼、物流仓储、数据中心等），降低单一市场风险；
- 关注REITs标的的物业质量、地理位置及租户结构，选择长期、稳定盈利且分红记录良好的产品；
- 注意利率变化对REITs估值的影响。一般来说，利率下行有利于REITs估值提升，但实际还需要考量租金增长潜力。

4. 黄金/大宗商品/商品基金（约10万元）

黄金或贵金属ETF：

- 黄金在经济不确定、地缘风险或通胀走高时发挥避险和保值功能；
- 从长期来看，黄金波动较大，配置比例不宜过高，但在组合中能平衡股票和债券同向调整的风险。

大宗商品基金：

- 包括能源、金属、农产品等。在通胀向上时，大宗商品的价格往往易于走高；
- 需要控制波动性与流动性风险，建议通过商品ETF或基金分散投资；
- 随时关注宏观经济与地缘政治动向，及时评估对黄金或大宗商品的配置比例；
- 避免短期盲目追高，保持中、长期配置思维。

5. 现金/货币型基金/短期理财（约10万元）

流动性优先：

- 用于应对家庭紧急开支、医疗及短期市场机遇（如股市回调时的抄底）；
- 亦可在利率环境剧烈波动或市场不确定性上升时，增加现金比例以锁定收益、降低波动。

货币型基金或短期理财：

- 在保持较高流动性的同时提供比活期储蓄略高的收益；

- 随时可赎回或在低风险情况下实现小幅增值；
- 每隔1~3个月查看现金头寸是否与当前市场状况匹配；
- 避免将过多的资金闲置在活期账户中。

三、稳定的现金流与抗通胀的关键要点

分红与利息并行：

- 股票/REITs分红+债券票息是主要的现金流来源；
- 保持多元、稳定的派息来源，避免单一资产大幅波动。

关注实物资产与通胀挂钩产品：

- REITs、通胀保值债券、黄金等能在通胀上升或利率下行时发挥较强的防御作用。

定期再平衡：

- 建议每半年或每年对各资产占比进行审视，当某类资产涨幅过大或跌幅过大时，适度调仓；
- "高抛低吸"不仅能帮助锁定收益，也能维持组合的初始风险水平。

动态关注宏观政策：

- 在2025年如果货币政策倾向于宽松，则利率可能继续下降，利多债券与REITs，但需警惕后续通胀走高的可能性；
- 如果通胀意外反弹，则黄金和能源类资产可能短期受益，需要根据市场变化情况适度增减配置。

四、温馨提示

家庭保障先行：

- 建议预留3~6个月的紧急备用金，并完善医保、重疾险、意外险、寿险等基础保障，防止突发事件冲击家庭财务。

关注税费与流动性：

- 不同类型的资产在分红或交易环节可能存在税费差异，要综合测算实际到手收益；
- 保证家庭在需要资金时能较快变现，避免存在流动性困难。

结合家庭阶段与目标：

- 如果未来有大额开支（房贷、子女教育等），则需要做好资金预留或资金来源规划；
- 如果风险承受能力较强，则可适度提高权益类比例；如果风险承受能力较低，则可相应地提高债券与现金的比例。

对于一个来自普通四口之家的平衡型投资者而言，DeepSeek建议2025年的投资环境既面临利率继续下行的可能性，也面临通胀反复或经济波动的可能性。通过股票/基金、债券、REITs、黄金/商品和现金的多元化组合，并结合稳健分红与通胀保值的思路，可在获得持续现金流的同时维持较好的抗通胀能力。关键在于定期根据市场变化和家庭需求进行动态调整，并始终记得家庭保障和应急资金在规划中的优先地位。

DeepSeek给出的资产配置建议充分考虑了不同投资者的需求，通过时间分层配置、风险分散策略及全球资产组合，帮助用户构建稳健的投资方案。这些建议不仅兼顾了资产的安全性和流动性，还通过多元化投资提升了整体的收益潜力。对于投资者而言，合理利用DeepSeek，可以更高效地管理家庭财富，实现资产稳健增值，并根据市场变化情况灵活调整策略，确保财务目标顺利达成。

第18章

打造健身饮食教练

在健康管理中，科学、合理的健身与饮食方案不仅能帮助个人实现体能提升、体型管理，还能有效改善个人整体的健康状况。然而，如何制定符合个人需求的健康方案，往往需要专业人员的指导和个性化的规划。借助DeepSeek，用户可以根据自身情况获得定制化的健身训练计划、营养搭配方案及健康管理建议，让健康管理更加高效和可持续。本节探索DeepSeek在健康管理领域的强大功能和实用技巧。

在DeepSeek的输入框中输入提示词：

制订个性化的减脂增肌计划。

DeepSeek回复：

一、明确目标

首先，确定您的主要目标是减脂、增肌，还是两者兼顾。不同的目标需要不同的策略和重点。

二、制订训练计划

力量训练

- 训练动作选择：以多关节复合动作为主，如深蹲、硬拉、卧推和划船等，这些动作可以同时锻炼多个肌群，提高训练效率。
- 训练次数与组数：每个动作进行36组练习，每组重复6~15次。对于增肌目标，建议使用较大的重量，每组重复6~8次；对于减脂目标，则可采用较轻的重量，每组重复12~15次。
- 组间休息时间：控制在1分钟以内，以保持心率，提高脂肪燃烧效率。

有氧训练

- 训练频率：每周进行2~3次有氧运动，每次持续30~45分钟。
- 训练方式：可选择跑步、游泳、骑行等中等强度的有氧运动，或进行高强度间歇训练（HIIT），以提高心肺功能和促进脂肪燃烧。

三、制订饮食计划

宏观营养素比例

- 蛋白质：蛋白质对于肌肉合成和修复至关重要。建议每天摄入1.5克/公斤体重的蛋白质，而且使其均匀分布在各餐中。
- 碳水化合物：碳水化合物是主要的能量来源。可以采用碳循环饮食法，在训练日增加碳水化合物的摄入量，在休息日减少碳水化合物的摄入量，以支持训练和脂肪代谢。
- 脂肪：健康的脂肪有助于维持激素水平和吸收脂溶性维生素，应适量摄入它，如坚果、种子和鱼类中的不饱和脂肪。

饮食质量

- 优质蛋白质来源：选择瘦肉、禽类、鱼类、蛋类和豆类等高蛋白食材。
- 碳水化合物选择：优先选择全谷物、蔬菜和水果等复杂碳水化合物，提供持续的能量释放。
- 脂肪来源：摄入健康的脂肪，如橄榄油、鳄梨和坚果等。

四、生活习惯调整

充足睡眠

- 每晚确保7～9小时的优质睡眠，有助于肌肉恢复和激素平衡。

压力管理

- 通过冥想、瑜伽或深呼吸等方式缓解压力，避免压力过大引起的暴饮暴食或训练效果下降。

定期评估与调整

- 每4～6周评估一次训练和饮食计划的效果，并进行相应的调整，确保持续进步。

五、寻求专业指导

如果您是健身新手，或在制订和执行计划时遇到困难，则建议寻求专业健身教练或营养师的指导，确保计划的科学性和安全性。

个性化健身饮食计划应根据个人身体状况、目标和生活方式进行调整。在开始任何新的训练或饮食计划前，都建议咨询医疗或健身专业人士的意见。

在DeepSeek的输入框中继续输入提示词：

作为健身教练，请为33岁的男性（BMI为28，久坐上班族）设计21天减脂计划：分阶段标注[适应期/提升期/巩固期]，每日训练时间≤40分钟，饮食建议含早、中、晚三餐示范及热量范围，并提供3种容易坚持的激励方法。

DeepSeek回复：

一、阶段划分

适应期（第1~7天）：帮助身体适应新的运动和饮食习惯，避免过度疲劳。

提升期（第8~14天）：增加训练强度和多样性，促进脂肪燃烧和肌肉强化。

巩固期（第15~21天）：保持训练强度，巩固成果，培养长期健康习惯。

二、每日训练计划

注意：在开始任何新的运动计划前，都建议咨询医生或专业健身教练。

适应期（第1~7天）

- 频率：每周5天，休息2天。
- 有氧运动（20分钟）：快走或慢跑。
- 力量训练（15分钟）：自重训练，如深蹲、俯卧撑、仰卧起坐，每个动作重复10~15次，循环2~3组。
- 拉伸放松（5分钟）：全身拉伸，放松肌肉。

提升期（第8~14天）

- 频率：每周6天，休息1天。
- 有氧运动（25分钟）：慢跑或跳绳。
- 力量训练（15分钟）：增加阻力训练，如使用哑铃进行弓步、肩推，每个动作重复12~15次，循环3组。
- 核心训练（5分钟）：平板支撑等核心稳定性训练。

巩固期（第15~21天）

- 频率：每周6天，休息1天。

- 高强度间歇训练（HIIT）（20分钟）：如20秒高强度运动（如冲刺跑）、10秒休息，循环8次。
- 力量训练（15分钟）：复合动作训练，如杠铃深蹲、硬拉，每个动作重复10~12次，循环3组。
- 拉伸放松（5分钟）：重点拉伸训练肌群，促进恢复。

三、每日饮食建议

总热量控制：根据中国居民膳食指南，建议每日减少300~500千卡的能量摄入，以实现健康减重。

早餐

- 热量范围：约500~550千卡。
- 示范：
  - ✓ 全麦面包（2片）：提供碳水化合物和纤维。
  - ✓ 煎蛋白（2个）：高蛋白、低脂肪。
  - ✓ 脱脂牛奶（250毫升）：提供钙质和蛋白质。
  - ✓ 水果（如苹果1个）：提供维生素和纤维。

午餐

- 热量范围：约650~700千卡。
- 示范：
  - ✓ 糙米饭（1碗）：富含纤维的碳水化合物。
  - ✓ 鸡胸肉（100克）：高蛋白、低脂肪。
  - ✓ 清炒蔬菜（如西兰花、胡萝卜）：提供维生素和矿物质。
  - ✓ 豆腐汤（1碗）：增加蛋白质摄入，清淡可口。

晚餐

- 热量范围：约500~550千卡。
- 示范：
  - ✓ 烤鱼（100克）：优质蛋白质和omega-3脂肪酸。
  - ✓ 蒸红薯（1个中等大小）：健康碳水化合物来源。

> ✓ 蔬菜沙拉（配橄榄油和醋）：提供纤维和健康脂肪。
>
> ✓ 清汤（如紫菜蛋花汤）：增加饱腹感，低热量。
>
> 注意：确保三餐营养均衡，避免过度节食，以维持基础代谢和健康。
>
> 四、激励方法
>
> - 设立短期目标：将21天计划分为7天一个小阶段，每完成一个阶段就给予自己一个小奖励，如观看一部喜欢的电影。
> - 记录进展：每天记录体重、饮食和训练情况，观察自己的进步，增强自信心。
> - 寻找伙伴：与朋友或家人一起参与训练，互相鼓励，提高坚持的动力。

可以看到，DeepSeek为33岁的男性（BMI为28，久坐上班族）设计了一个为期21天的减脂计划，旨在通过科学的训练和饮食安排，帮助其逐步适应并坚持健康的生活方式。该计划分为三个阶段：适应期、提升期和巩固期。每日训练时间控制在40分钟以内，并提供了每日三餐的饮食示范及热量范围。此外，列出了三种易于坚持的激励方法。

在DeepSeek的输入框中接着输入提示词：

生成周一到周二的控糖食谱（早餐、中餐、晚餐和加餐）计划，标注血糖生成指数（GI）值和食材替换方案，附带超市采购清单模板。

DeepSeek回复：

> 周一
> 早餐：
> - 燕麦粥（GI≈55）
> - 煮鸡蛋
> - 蓝莓（GI≈53）
> - 替换方案：燕麦粥可被替换为全麦面包（GI≈69）
> 午餐：
> - 烤鸡胸肉
> - 蒸西兰花（GI≈15）

- 糙米饭（GI≈50）
- 替换方案：糙米饭可被替换为藜麦（GI≈53）

晚餐：

- 清蒸鱼
- 炒菠菜（GI≈15）
- 红薯泥（GI≈63）
- 替换方案：红薯泥可被替换为蒸南瓜（GI≈75）

加餐：

- 杏仁一把
- 替换方案：杏仁可被替换为核桃

周二

早餐：

- 全麦吐司（GI≈69）
- 牛油果
- 番茄片（GI≈15）
- 替换方案：全麦吐司可被替换为黑麦面包（GI≈50）

午餐：

- 烤三文鱼
- 藜麦沙拉（GI≈53）
- 混合蔬菜

……

可以看出，DeepSeek给出的控糖食谱计划，包括每日的早餐、午餐、晚餐加餐建议。对每道菜品均标注了主要食材的血糖生成指数值，并提供了食材替换方案。

在DeepSeek的输入框中输入提示词：

作为减脂专家，请为健身小白设计4周训练计划，要求每周训练3次，每次持续60分钟，包含热身、有氧、力量训练。添加补水指南及抗疲劳食谱。

DeepSeek回复：

训练计划概述

每次训练结构

- 热身（10分钟）：动态拉伸和轻度有氧运动。

- 有氧训练（20分钟）：中等强度的有氧运动。

- 力量训练（25分钟）：针对主要肌群的基础力量训练。

- 放松拉伸（5分钟）：静态拉伸，放松肌肉。

每周训练安排

- 周一：全身训练。

- 周三：上半身训练。

- 周五：下半身训练。

详细训练安排

第1~2周

热身（10分钟）

- 动态拉伸：肩部绕环、髋关节绕环、膝关节绕环等，每个动作持续1分钟。

- 轻度有氧：原地慢跑或跳绳5分钟。

有氧训练（20分钟）

- 快走或慢跑，保持中等强度。

力量训练（25分钟）

周一（全身训练）

- 深蹲：每组重复12次，做3组。

- 俯卧撑：每组重复10次，做3组。

- 仰卧起坐：每组重复15次，做3组。

周三（上半身训练）

- 哑铃卧推：每组重复12次，做3组。

- 哑铃划船：每组重复12次，做3组。

- 侧平举：每组重复15次，做3组。

周五（下半身训练）

- 弓步：每组重复12次，做3组。

- 臀桥：每组重复15次，做3组。

- 小腿提踵：每组重复20次，做3组。

放松拉伸（5分钟）

- 全身静态拉伸，每个动作保持30秒。

第3~4周

热身（10分钟）：同第1~2周。

有氧训练（20分钟）：中高强度间歇训练（HIIT），如30秒高强度运动，30秒休息，循环10次。

力量训练（25分钟）。

周一（全身训练）

- 杠铃深蹲：每组重复10次，做3组。

- 引体向上（可辅助）：每组重复8次，做3组。

- 平板支撑：每次保持30秒，做3组。

周三（上半身训练）

- 哑铃肩推：每组重复10次，做3组。

- 杠铃划船：每组重复10次，做3组。

- 二头肌弯举：每组重复12次，做3组。

周五（下半身训练）

- 腿举：每组重复12次，做3组。

- 罗马尼亚硬拉：每组重复10次，做3组。

- 侧弓步：每组重复12次，做3组。

- 放松拉伸（5分钟）：同第1~2周。

可以看出，DeepSeek提供的健康管理方案，可通过精准的数据分析与个性化规划，帮助用户更科学地管理体重、优化营养摄入，并制订适合用户自身需求的训练计划。无论是想减脂增肌、控制糖分摄入，还是想提升身体素质，DeepSeek都能提供清晰、可执行的方案，使健康管理更具有针对性和可持续性。

第19章

辅助编程开发

在使用DeepSeek进行一系列编程实践后,我们会发现它如同一位知识渊博、实践能力强,但偶尔有些固执的编程助手。如何发挥它的潜力,在很大程度上取决于我们的引导和使用方式。本节将探讨如何使用DeepSeek辅助编程开发。

1. 生成代码

DeepSeek可以根据程序员输入的提示词,自动生成相应的代码片段,极大提升开发效率。例如,当我们描述某个功能需求时,它能够输出完整、格式良好的函数代码,还附带必要的注释,方便后续维护。

在DeepSeek的输入框中输入提示词:

> 请帮我生成一个Python函数,该函数接受两个数字作为输入,并返回它们的和。给出示例。

DeepSeek回复:

> 以下是一个Python函数,该函数接受两个数字作为输入,并返回它们的和。同时,我会提供一个示例以供参考。
>
> Python函数代码:
>
> ```Python
> def add_numbers(num1, num2):
>     """
>     函数功能: 接受两个数字作为输入,并返回它们的和。
>     参数:
>     - num1: 第1个数字
>     - num2: 第2个数字
>     返回值: 两个数字的和
>     """
>     return num1 + num2
> ```
>
> 使用示例:
>
> ```Python
> # 示例1: 整数相加
> result1 = add_numbers(5, 7)
> print("5 + 7 =", result1)  # 输出: 5 + 7 = 12
> ```

```python
# 示例2：浮点数相加
result2 = add_numbers(3.5, 2.5)
print("3.5 + 2.5 =", result2)  # 输出：3.5 + 2.5 = 6.0

# 示例3：负数相加
result3 = add_numbers(-10, 3)
print("-10 + 3 =", result3)  # 输出：-10 + 3 = -7
```

可以看出，DeepSeek给出的示例通过简单的加法操作返回了两个数字的和，适用于整数、浮点数及负数的相加，非常适合初学者入门学习。

2. 代码优化

DeepSeek还可以帮助我们检查在代码中是否存在冗余或不合理的部分，并给出优化建议。这有助于提高代码质量和执行效率。

在DeepSeek的输入框中输入提示词：

请检查以下Java代码，指出低效或错误之处，并提出优化建议。

```java
Java
public class SumCalculator {
    public static void main(String[] args) {
        int[] numbers = {1, 2, 3, 4, 5};
        int sum;
        for (int i = 0; i <= numbers.length; i++) {
            sum += numbers[i];
        }
        System.out.println("Sum is: " + sum);
    }
}
```

DeepSeek回复：

本段代码存在以下问题。

- 变量未初始化：变量sum在使用前未初始化。
- 数组越界：在循环条件中使用"i <= numbers.length"会导致当i等于numbers.length时，程序会尝试访问不存在的数组元素，从而引发ArrayIndexOutOfBoundsException。

在DeepSeek的输入框中继续输入提示词：

给出修正后的代码。

DeepSeek回复：

原始代码中的错误：

```java
Java
public class SumCalculator {
```

```
    public static void main(String[] args) {
        int[] numbers = {1, 2, 3, 4, 5};
        int sum;  // 变量sum未初始化
        // 循环条件错误：应使用 i < numbers.length, 防止数组越界
        for (int i = 0; i <= numbers.length; i++) {
            // sum未初始化, 可能导致运行时异常
            sum += numbers[i];
        }
        System.out.println("Sum is: " + sum);
    }
}
```

修正后的代码:

```Java
public class SumCalculator {
    public static void main(String[] args) {
        int[] numbers = {1, 2, 3, 4, 5};
        int sum = 0;  // 初始化sum为0
        // 修改循环条件, 防止数组越界
        for (int i = 0; i < numbers.length; i++) {
            sum += numbers[i];
        }
        System.out.println("Sum is: " + sum);
    }
}
```

DeepSeek还可以帮助我们发现代码中的错误，并给出修复建议。如果DeepSeek发现一个变量在使用前未初始化，则将提醒我们初始化该变量。这可以帮助我们更快地修复Bug，提高代码质量。

3. 代码翻译

DeepSeek支持多语言代码互译，不仅能转换语法，还能结合目标语言的编程规范生成高质量的代码，确保逻辑一致。无论是将Python代码翻译为JavaScript代码，还是将Java代码翻译为C#代码，DeepSeek都能提供高质量的代码翻译结果，帮助开发者实现跨平台应用和技术迁移。

提示词:

请将以下Python代码翻译为JavaScript代码，确保逻辑功能一致：

```Python
def bubble_sort(arr):
    n = len(arr)
    # 遍历所有数组元素
    for i in range(n):
```

```
        # 每次遍历都会将未排序部分最大的元素"冒泡"到末尾
        for j in range(0, n - i - 1):
            if arr[j] > arr[j + 1]:
                # 交换位置
                arr[j], arr[j + 1] = arr[j + 1], arr[j]
    return arr

if name == "__main__":
    sample_list = [64, 34, 25, 12, 22, 11, 90]
    print("排序前: ", sample_list)
    sorted_list = bubble_sort(sample_list)
    print("排序后: ", sorted_list)
```

DeepSeek回复：

以下是将Python代码翻译为JavaScript代码的实现，确保逻辑功能一致：

```
Python
function bubbleSort(arr) {
    const n = arr.length;
    for (let i = 0; i < n - 1; i++) { // 外层循环控制遍历次数
        // 内层循环进行相邻元素比较
        for (let j = 0; j < n - i - 1; j++) {
            // 如果前一个元素大于后一个元素，则交换
            if (arr[j] > arr[j + 1]) {
                let temp = arr[j];
                arr[j] = arr[j + 1];
                arr[j + 1] = temp;
            }
        }
    }
    return arr; // 返回排序后的数组
}
```

假设在Node.js环境中运行，则输出结果如下：

排序前：[64, 34, 25, 12, 22, 11, 90]

排序后：[11, 12, 22, 25, 34, 64, 90]

代码说明

- 函数定义：bubbleSort函数接受一个数组arr[]作为输入，返回排序后的数组。

- 双层循环：外层循环控制遍历次数，内层循环负责相邻元素的比较和交换。
- 交换逻辑：使用临时变量temp来交换两个元素的位置。
- 测试代码：通过console.log输出排序前、后的数组，验证函数的正确性。

本段代码的逻辑与Python版本的冒泡排序代码的逻辑完全一致，适用于JavaScript环境。我们也可以将DeepSeek生成的代码发送给DeepSeek进行二次确认。

第20章

辅助项目开发

在项目开发阶段，DeepSeek能够为团队提供强大的支持。它不仅可以生成项目的初步框架，还能协助设计整体架构、制订详细的开发计划，以及整合第三方库和工具。通过智能分析业务需求，DeepSeek能够为团队提供关于项目分解、模块划分及自动化测试用例的建议，使复杂的项目开发流程更加清晰、可控，并显著提高开发效率。

借助DeepSeek，我们可以通过自然语言描述，生成从项目初步规划、架构设计到详细的开发计划、模块分解及自动化测试等的全方位支持，使复杂的项目开发流程变得更加清晰、高效和可控。

20.1 构建初步的项目框架

现在构建初步的项目框架，明确其基本功能和模块分布。在DeepSeek的输入框中输入提示词：

> 请帮我生成一个初步的项目框架。项目目标是开发一个DeepSeek对话系统，主要功能包括：
> - 用户输入提示词；
> - DeepSeek回复；
> - 对话界面简洁。
> 请提供整体模块划分、基本数据流及简要说明。

DeepSeek回复：

1.项目模块划分

1.1 前端模块

用户界面（UI）：

- 负责展示对话窗口、用户输入框和发送按钮；
- 提供简洁、友好的交互体验。

状态管理：

- 使用Pinia管理历史对话记录和用户的状态；
- 存储历史对话记录，支持多轮对话。

1.2 后端模块

API：

- 提供RESTful API，接收前端发送的用户的消息；
- 调用DeepSeek API，获取DeepSeek回复的内容。

对话管理：

- 维护对话上下文，支持多轮对话；
- 将历史对话记录存储到数据库中。

数据库：存储用户的信息、历史对话记录和上下文信息。

1.3 DeepSeek API模块

消息处理：接收用户的消息，返回DeepSeek回复的内容。

上下文管理：根据历史对话记录更连贯地回复内容。

2.基本数据流

2.1 用户输入

用户在前端界面输入消息并单击"发送"按钮。

前端通过Axios将用户的消息发送到后端API。

2.2 后端处理

后端API接收用户的消息，将其封装为请求数据。

调用DeepSeek API，将用户的消息和上下文发送到DeepSeek。

DeepSeek API返回DeepSeek回复的内容。

后端将DeepSeek回复的内容存储到数据库中，并返回给前端。

2.3 前端展示

前端在接收到DeepSeek回复的内容后，将其展示在对话窗口中。

历史对话记录支持多轮对话，用户可以随时查看。

3.简要说明

3.1 技术选型

- 前端：Vue3 + Pinia + Axios。
- 后端：Django + Django REST Framework。
- 数据库：PostgreSQL。
- AI服务：DeepSeek API。

3.2 功能特点

- 用户输入：支持实时输入和发送消息。
- DeepSeek回复：基于DeepSeek回复智能、连贯的内容。
- 多轮对话：进行上下文管理，支持多轮对话。
- 对话界面：简洁、友好，支持历史对话记录查看。

通过以上模块划分和数据流设计，我们可以快速搭建一个DeepSeek对话系统，实现用户输入、DeepSeek回复和多轮对话等功能。

20.2　设计整体架构

下面在刚才构建的项目框架基础上，规划前端、后端及数据库的整体架构。

在DeepSeek的输入框中输入提示词：

请协助我设计一种完整的系统架构方案，包含前端、后端和数据库设计。请详细描述各模块之间的关系，并推荐合适的技术选型和设计模式。

DeepSeek回复：

1.系统架构设计

1.1 系统模块划分

前端模块

- 用户界面（UI）：提供简洁的对话界面，支持用户输入和显示DeepSeek回复的内容。
- 状态管理：使用Pinia管理历史对话记录和用户的状态。
- 通信模块：通过Axios与后端API进行数据交互。

后端模块

- API：接收前端的请求，调用DeepSeek API获取DeepSeek回复的内容。
- 对话管理：维护对话上下文，支持多轮对话。
- 数据库管理：存储用户的信息和历史对话记录。

数据库模块

用户的信息表：存储用户的注册信息。

对话记录表：存储每次对话的消息内容和时间戳。

会话表：记录用户与DeepSeek的会话状态。

AI模块

DeepSeek API：提供AI对话能力，处理自然语言理解和生成任务。

1.2 数据流

用户输入：

- 用户在前端界面输入消息；
- 前端通过Axios将消息发送到后端API。

后端处理：

- 后端接收用户的消息，调用DeepSeek API；
- DeepSeek API返回DeepSeek回复的内容；
- 后端将DeepSeek回复的内容返回给前端，并将历史对话记录存储到数据库中。

前端展示：

- 前端接收DeepSeek回复的内容并将其展示在对话界面；
- 支持多轮对话，用户可以随时查看历史对话记录。

2.技术选型

2.1 前端技术选型

- 框架：Vue3，提供响应式数据绑定和组件化开发。
- 状态管理：Pinia，替代Vuex，提供更简洁的API。
- UI组件库：Element Plus，提供丰富的组件和样式。
- 通信库：Axios，用于与后端API进行数据交互。

2.2 后端技术选型

- 框架：Django，提供ORM、路由管理和模板引擎。
- API框架：Django REST Framework，用于构建RESTful API。
- 通信协议：HTTP/HTTPS，通过Axios与前端交互。
- AI服务：DeepSeek API，用于处理自然语言理解和生成任务。

2.3 数据库选型

- 关系型数据库：PostgreSQL，用于存储用户的信息和历史对话记录。
- NoSQL数据库：可选，如DynamoDB，用于存储大规模历史对话记录。

3.模块关系与设计模式

3.1 模块关系

前端与后端：

- 前端通过Axios向后端发送请求，并接收后端返回的DeepSeek回复的内容。
- 后端作为中间层，处理前端的请求并调用DeepSeek API。

后端与数据库：

- 后端将用户的信息和对话记录存储到数据库中。
- 数据库提供持久化存储支持。

后端与AI模块：

- 后端调用DeepSeek API，将用户的消息传递给AI模块。
- AI模块返回回复的内容，后端将其返回给前端。

3.2 设计模式

- 前后端分离：采用前后端分离架构，便于扩展和维护。
- MVC模式：后端采用MVC模式，将数据模型、视图和控制器分离。
- 状态管理：前端使用Pinia进行状态管理，支持多轮对话。
- 微服务架构：后端可采用微服务架构，将对话管理、用户管理和AI调用拆分为独立的服务。

4.数据库设计

4.1 数据库表结构

- 用户的信息表（Users）
- user_id（主键）
- username
- email
- password_hash
- 历史对话记录表（Messages）
- message_id（主键）
- user_id（外键）
- content（消息的内容）
- role（用户或AI）
- timestamp（时间戳）
- 会话表（Sessions）
- session_id（主键）
- user_id（外键）
- start_time（会话开始时间）
- end_time（会话结束时间，可选）

4.2 数据库操作

- 插入消息：将用户的消息和DeepSeek回复的内容分别插入Messages表。
- 查询历史对话记录：根据user_id和session_id查询Messages表，获取历史对话记录。
- 会话管理：在Sessions表中记录每次会话的开始时间和结束时间。

5.部署与扩展

5.1 部署方案

- 容器化：使用Docker和Docker Compose进行容器化部署。
- 反向代理：使用Nginx处理静态文件请求和负载均衡。

- WSGI服务器：使用Gunicorn部署Django应用。

5.2 扩展性

- 分布式架构：将后端服务拆分为多个独立的服务，通过消息队列进行通信。
- 微服务架构：将对话管理、用户管理和AI调用拆分为独立的微服务。
- 数据库扩展：使用PostgreSQL的集群功能或DynamoDB的自动扩展功能。

通过以上架构设计，我们可以快速搭建一个DeepSeek对话系统。该系统支持用户输入、DeepSeek回复和多轮对话，同时具备良好的扩展性和维护性。

20.3　制订详细的开发计划

将项目划分为若干阶段，并为每个阶段都安排具体的任务和时间节点。

在DeepSeek的输入框中输入提示词：

> 请根据上述项目需求，为整个项目制订一份详细的开发计划。计划应包括主要里程碑、关键任务、时间安排及每个阶段的目标描述。

DeepSeek回复：

> 项目开发计划：DeepSeek对话系统
>
> 1. 项目概述
> - 项目名称：DeepSeek对话系统开发。
> - 项目目标：开发一个简洁、高效的对话系统，支持用户输入、DeepSeek智能回复，并提供简洁的对话界面。
> - 项目背景：随着AI技术的发展，对话系统在多个领域应用广泛。本项目旨在使用DeepSeek开发一个高效、易用的对话系统。
>
> 2. 项目里程碑

阶段	里程碑	目标	时间
第一阶段	需求分析与设计	完成需求文档和系统设计	第1周
第二阶段	前端开发	完成前端界面开发	第2~3周
第三阶段	后端开发	完成后端接口开发	第3~4周
第四阶段	集成测试	完成前后端集成测试	第5周
第五阶段	上线部署	系统上线并进行用户测试	第6周

3. 关键任务与时间安排

任务	描述	负责人	开始时间	结束时间
需求分析	收集用户需求，编写需求文档	产品经理	第1周	第1周
系统设计	设计系统架构和模块划分	架构师	第1周	第1周
前端开发	开发用户界面，实现用户输入和显示功能	前端工程师	第2周	第3周
后端开发	开发API，调用DeepSeek服务	后端工程师	第3周	第4周
数据库设计	设计用户的信息和历史对话记录数据库	数据库工程师	第1周	第2周
集成测试	测试前后端集成，修复问题	测试工程师	第5周	第5周
上线部署	部署系统，进行用户测试	运维工程师	第6周	第6周

4. 风险评估与应对

风险	描述	应对策略
技术风险	DeepSeek API调用不稳定	进行多轮测试，准备备用方案
时间风险	项目延期	定期检查进度，及时调整资源
资源风险	人员不足	提前招聘或外包部分任务

5. 资源分配

- 人力：产品经理1名、架构师1名、前端工程师2名、后端工程师2名、数据库工程师1名、测试工程师2名、运维工程师1名。
- 技术资源：开发工具（如VSCode、IntelliJ IDEA）、测试工具（如Postman、JIRA）。
- 预算：预计总预算30万元，主要用于人力成本和服务器租赁。

6. 沟通与报告机制

- 沟通方式：每日站会、每周进度报告、每月项目总结。
- 报告内容：进度、问题、风险、解决方案。

7. 项目目标与交付标准

- 目标：开发一个简洁、高效的对话系统，支持多轮对话。
- 交付标准：系统上线，用户满意度达到80%以上。

8. 项目验收与评估

- 验收标准：功能完整、界面简洁、无重大缺陷。
- 评估方式：用户测试反馈、项目团队内部评估。

本开发计划详细列出了DeepSeek对话系统开发项目的各个阶段、关键任务、时间安排和资源分配。通过明确的里程碑和风险管理策略，来确保项目按时、按预算完成。项目团队将根据计划执行任务，并定期评估进度，确保项目目标的实现。

4. 项目分解与模块划分

接下来深入分析项目需求，将项目拆分为独立的功能模块，并明确每个模块的职责。

在DeepSeek的输入框中输入提示词：

请根据项目的整体需求，将项目拆分为多个模块。请列出每个模块的功能描述、主要接口及相互间的依赖关系。

DeepSeek回复：

1.模块划分

1.1 前端模块

用户界面（UI）模块

- 功能描述：提供简洁的对话界面，支持用户输入、显示DeepSeek回复的内容，并允许用户与系统交互。
- 主要接口如下。
    - ✓ renderChatWindow()：渲染对话窗口。

    ✓ handleUserInput(input)：处理用户输入的提示词并将其发送到后端。

    ✓ displayResponse(response)：显示DeepSeek回复的内容。

- 依赖关系：与后端API模块交互，调用后端接口，获取DeepSeek回复的内容。
- 状态管理模块
- 功能描述：管理历史对话记录、用户的状态等前端状态，支持多轮对话。
- 主要接口：

    ✓ saveMessage(message)：保存用户的消息或DeepSeek回复的内容。

    ✓ getChatHistory()：获取历史对话记录。

- 依赖关系：与用户界面模块交互，提供历史对话记录。

1.2 后端模块

API模块

- 功能描述：接收前端的请求，调用DeepSeek API获取DeepSeek回复的内容，并返回结果。
- 主要接口：POST /api/chat，接收用户的消息，返回DeepSeek回复的内容。
- 依赖关系：调用DeepSeek API模块，与数据库模块交互。

对话管理模块

- 功能描述：维护对话上下文，支持多轮对话，存储历史对话记录。
- 主要接口如下。

    ✓ processMessage(message)：处理用户的消息，更新对话上下文。

    ✓ getReply(message)：生成DeepSeek回复的内容。

- 依赖关系：与API模块交互，依赖数据库模块存储历史对话记录。

数据库管理模块

- 功能描述：存储用户的信息、历史对话记录和上下文信息。

- 主要接口如下。
  - ✓ saveMessage(message)：保存消息到数据库。
  - ✓ getMessages(sessionId)：根据会话ID获取历史对话记录。
- 依赖关系：被对话管理模块和API模块调用。

1.3 AI模块

DeepSeek API模块

- 功能描述：提供AI对话能力，处理自然语言理解和生成任务。
- 主要接口：generateReply(message, context)，根据用户的消息和上下文生成DeepSeek回复的内容。
- 依赖关系：被后端API模块调用。

2.模块间的依赖关系

- 前端模块：
  - ✓ 用户界面模块依赖状态管理模块获取历史对话记录；
  - ✓ 状态管理模块依赖后端API模块保存和获取消息。
- 后端模块：
  - ✓ API模块依赖对话管理模块处理用户的消息。
  - ✓ 对话管理模块依赖数据库模块存储和获取历史对话记录。
  - ✓ 对话管理模块调用DeepSeek API模块获取DeepSeek回复的内容。
- AI模块：DeepSeek API模块独立提供AI对话能力，被后端模块调用。

3.设计原则

- 高内聚低耦合：每个模块都功能独立，减少模块间的直接依赖。
- 接口清晰：通过定义明确的接口来隐藏模块实现细节。
- 可扩展性：模块设计支持未来功能扩展。

通过以上模块划分和设计，DeepSeek对话系统能够实现用户输入、DeepSeek回复和多轮对话功能，同时保持系统的可维护性和可扩展性。

5. 自动化测试用例生成

这里为确保系统质量，为各个模块都生成覆盖关键功能的自动化测试用例。

在DeepSeek的输入框中输入提示词：

> 请为上述项目设计一套自动化测试用例方案，覆盖主要功能模块和关键业务流程。请提供测试用例示例和执行步骤说明，以便实现后续的自动化测试。

DeepSeek回复：

1.测试用例设计原则

- 基于需求设计：测试用例应紧密围绕用户输入、DeepSeek回复和对话界面等核心功能设计。
- 覆盖关键场景：包括正常输入、异常输入、多轮对话等场景。
- 简洁直观：用例设计简洁，便于理解和维护。
- 可复用性：设计通用的测试用例模板，支持不同场景的复用。

2.测试用例示例

2.1 用户输入功能测试

用例编号	测试场景	输入	预期结果
TC001	正常输入	输入有效文本（如"你好"）	系统接收输入并触发DeepSeek回复
TC002	空输入	输入为空	系统提示"输入不能为空"
TC003	输入特殊字符	输入特殊字符（如"@#$%^"）	系统正常处理并返回DeepSeek回复的内容

2.2 DeepSeek回复功能测试

用例编号	测试场景	输入	预期结果
TC004	回复常见问题	输入"今天天气如何？"	回复与天气相关的内容
TC005	多轮对话	连续输入多个相关问题	AI能够根据上下文进行连贯的回复
TC006	回复未知问题	输入"火星上有人吗？"	返回"我不知道"或类似的回复

2.3 对话界面测试

用例编号	测试场景	操作	预期结果
TC007	界面加载	打开对话界面	界面正常加载，无错误
TC008	消息显示	发送消息	用户的消息和DeepSeek回复的内容正常显示
TC009	历史对话记录查看	单击历史对话记录按钮	能够查看之前的历史对话记录

3.测试执行步骤说明

3.1 测试环境准备

- 工具选择：使用Selenium进行前端界面测试，使用Postman测试API。

- 测试数据准备：根据测试用例准备测试数据，包括正常输入、异常输入等。

3.2 测试执行

- 前端测试：
  - ✓ 使用Selenium模拟用户的操作，有验证用户输入的提示词、消息显示等功能；
  - ✓ 检查对话界面的加载速度和响应时间。

- 后端测试：
  - ✓ 使用Postman调用后端API，验证DeepSeek回复的内容的准确性和响应时间；
  - ✓ 测试多轮对话功能，确保上下文管理正确。

- 集成测试：
  - ✓ 测试前端与后端的交互，确保数据传输正确；
  - ✓ 模拟用户输入提示词，验证系统的整体流程。

3.3 测试结果分析

- 分析测试结果，生成详细的测试报告。
- 对于发现的问题，记录详细信息并进行分类。

3.4 测试维护

- 根据测试结果和系统变更，定期更新测试用例。

- 优化测试脚本，提高测试效率。

4.CI/CD集成

- 将自动化测试脚本集成到CI/CD流水线中，使用Jenkins等工具实现自动化执行。

- 在每次提交代码后都自动触发测试，确保新代码不会破坏现有的功能。

5.测试数据管理

- 使用外部数据源（如CSV文件）管理测试数据，便于维护和扩展。

- 确保测试数据的安全性和一致性。

通过以上测试用例示例和执行步骤，可以全面覆盖DeepSeek对话系统的主要功能模块和关键业务流程，确保该系统的稳定性和可靠性。

第 **21** 章

生成Midjourney绘画提示词

Midjourney 是一款强大的AI图像生成工具，其Logo
如图21-1所示。

Midourney适合艺术家、设计师和普通用户使用。
通过输入简单的提示词，用户就可以快速生成高质量的图
像，探索无限的创意可能性。下面通过DeepSeek生成
Midjourney绘画提示词，流程如下。

图21-1

在我们创作之前，DeepSeek可以帮我们找灵感。假设我们想以中国神话故
事《山海经》为背景创作一幅图像，但还没想好图像的主体包含哪些内容，这时
我们就在DeepSeek的输入框中输入提示词：

给我中国神话故事《山海经》中的3个经典神话场景介绍。

DeepSeek回复：

以下是《山海经》中的3个经典神话场景，适合艺术化呈现。

1. 精卫填海

场景：

东海之滨，赤足白喙的精卫鸟（炎帝之女所化）振翅盘旋，口中衔西山
木石投向怒涛。浪花翻涌如雪山崩裂，远处落日熔金，海天交界处泛起
青灰色雾气，羽翼与礁石碰撞的火星如星点洒落。

视觉关键词：冷蓝与赤金对比色、悲壮感、动态张力、羽毛纹理与浪花
飞沫的细节。

2. 夸父逐日

场景：

巨人夸父赤膊奔于龟裂焦土之上，手中桃木杖化作连绵桃林，皮肤因炙

烤渗出金色血珠。天际十日且悬如熔岩火球，其足印陷地成壑，身后枯河蜿蜒如龙骸，在干涸的河床中隐约闪烁远古符文。

视觉关键词：橙红与焦褐主色调、炽热扭曲的空气质感、巨人肌肉的青铜雕塑感、神话符号与自然元素的交织。

3. 后羿射日

场景：

后羿立于昆仑山巅，挽彤弓搭白羽箭，弓弦满如残月。九只坠落的金乌化作燃烧的流星划过焦黑的天幕，仅存一日瑟缩于云层后，在地面龟裂的焦土中冒出半融化的青铜箭镞，远处民众跪拜的剪影如墨痕晕染。

视觉关键词：黑金与血橙撞色、逆光剪影、箭矢轨迹的光轨残留、神性与人性的冲突构图。

DeepSeek会根据我们输入的提示词，自动选择回复内容所采用的语言，所以在第1步中用中文进行了回复。然而，目前大部分具有文生图功能的AI绘画软件都要求提示词是英文，于是，我们接着在DeepSeek的输入框中输入提示词：

将以上场景翻译为英文。

DeepSeek回复：

Jingwei Filling the Sea Scene:

By the eastern sea, the barefoot, white-beaked Jingwei bird (transformed from the daughter of the Emperor Yan) flutters and soars,carrying stones from Mount Xishan in her beak and throwing them into the roaring waves. The waves surge like a snow-capped mountain collapsing, while the distant setting sun melts into gold, and at the horizon, a gray-blue mist rises. Sparks fly from the bird's wings as they strike the rocks, scattering like stars.

Visual Keywords: Cool blue and fiery gold contrast, a sense of tragic grandeur, dynamic tension, feather textures and spray details from the waves.

Kuafu Chasing the Sun Scene:

The giant Kuafu runs barefoot on the cracked, scorched earth, his peachwood staff transforming into a vast peach orchard. His skin oozes golden blood from the intense heat. Ten suns hang in the sky like molten fireballs, leaving deep footprints in the ground that form craters. Behind him, a dried-up river winds like a dragon's skeleton, with ancient runes faintly flashing in the dry riverbed.

Visual Keywords: Orange-red and scorched brown as the main color scheme, the feel of scorching, warped air, the muscular form of the giant resembling bronze sculpture, the interplay of mythical symbols and natural elements.

Hou Yi Shooting the Suns Scene:

Hou Yi stands atop Kunlun Mountain, drawing his red bow and nocking a white-feathered arrow, the bowstring taut like a waning crescent moon. Nine golden crows, now fallen, streak across the scorched sky as burning meteors, while the last remaining sun shrinks behind the clouds. The cracked earth below is filled with half-melted bronze arrowheads, and distant silhouettes of people kneeling in worship blur like ink stains.

Visual Keywords: Black-gold and blood orange color clash, backlit silhouettes, traces of light from the arrows'flight path, a composition that juxtaposes divinity and humanity.

当DeepSeek识别不出具体场景时，就需要将提示词改为场景描述词，场景描述词的灵感可来自DeepSeek对场景的描述。

在DeepSeek的输入框中输入提示词：

> 我想用充满光感和油画的形式把这些场景画下来，能给我6个描述第2种场景画面的英文词汇吗？最好是绘画专有名词，并附上翻译。

DeepSeek回复：

> Chiaroscuro（明暗对比）
>
> 指画作中强烈的明暗对比，通过光线和阴影的交替来增加立体感和戏剧性。可以用来强调夸父身上因烈日而突出的肌肉轮廓和焦土的裂纹。
>
> Impasto（厚涂法）
>
> 指使用厚重的颜料涂抹在画布上的技术，创造出粗犷的质感。这可以用来表现夸父奔跑时热空气的扭曲感和肌肉的雕塑感。
>
> Sfumato（烟雾效应）
>
> 指通过模糊光与色彩的边界来创造柔和的过渡效果，通常用来描绘空气的流动或远景的迷离感。可以表现天空和背景中熔岩火球的光晕效果。
>
> Tenebrism（强光明暗法）
>
> 指强烈的光与极度的暗影对比，用来创造戏剧性和深度，如突出太阳与大地之间的巨大反差，或者夸父的身形在火热的环境中投射的阴影。
>
> Glazing（透明上色）
>
> 指将透明的颜料涂在干燥的油画层上，达到色彩的层次感和深度。可以用来增强夸父肌肤上金色血珠的光感，以及桃木杖转变成的桃林的细节。
>
> Palette Knife（调色刀技法）
>
> 用调色刀而非画笔来涂抹油画颜料，创造出独特的纹理和坚硬的线条感。可以用来表现夸父周围焦土的粗糙质感和炙热的空气的扭曲效果。

在DeepSeek的输入框中输入提示词：

> 我想画瑶池仙境这个场景，我有云雾飘飘的背景，仙女的角色，中国传统的造型风格，我还能如何更好地描述这个场景呢？从哪些维度去优化呢？给我两种方案。

DeepSeek回复：

> 方案一：强化氛围与光影效果
> - 云雾层次：通过轻薄与浓密的渐变云雾，增加背景深度，营造神秘感。

- 光源与光影：设计柔和的光线从云层洒下，照亮仙女和瑶池，产生梦幻的光影效果。
- 空气感与动感：加入流动的光斑和气流效果，让仙女和云雾更具灵动感。

方案二：增强细节与文化符号

- 仙女服饰细节：强化传统的中国元素，如飘逸长裙、古典花纹、精美头饰等。
- 瑶池细节：通过水面倒影和莲花、仙草等细节表现池水的神圣感。
- 奇异动植物：加入飞鸟、仙草等神话元素，丰富画面，增添神秘感。

在DeepSeek的输入框中输入提示词：

请基于一些有画面感的词汇来描述刚才的瑶池仙境。

DeepSeek回复：

在瑶池仙境的画面中，云雾如轻纱般弥漫，层次分明，远处的山峦隐约可见，缥缈如梦。柔和的月光透过云层洒下，照亮了池中的莲花，闪烁着如水晶般的光辉。仙女们身着飘逸的丝裙，衣袂轻扬，金色头饰闪闪发光，周围弥漫着灵动的仙气。瑶池的水面平静如镜，倒映着仙女的身影和远处的云海，仿佛置身仙境。微风拂过，空气中弥漫着清新与宁静，偶尔有几只神秘的仙鸟轻盈飞过，增添了几分生动与神秘。

在DeepSeek的输入框中输入提示词：

只能用一系列的形容词来描述，形容词必须是艺术专有名词，例如点状笔触、草绿色的、朦胧的等。

DeepSeek回复：

柔和的光辉、渐变的云雾、透明的水面、层次分明的阴影、细腻的笔触、苍蓝色的天空、纤细的线条、金色的光点、晶莹的倒影、朦胧的轮廓、流动的气息、浓淡交替的色彩、羽毛般轻盈的丝带、翠绿的莲叶、柔软的光线、细致的纹理、梦幻般的色调。

选择上面输出的提示词中自己最喜欢的提示词，将其组合成提示词给到Midjourney：

> imagine Create a mystical and ethereal painting of Yaochi Wonderland, using pointillistic brushstrokes to capture subtle light and color changes, with verdant greenery surrounding a serene pool. Include gauzy, dream-like effects to create a soft, ephemeral atmosphere. Highlight the resplendent and layered costumes of fairies in translucent and reflective materials, suspended in the air or delicately standing on water. Emphasize soft-focus techniques for a dreamy feel, with a reflective, mirror-like surface on the water that harmoniously blends the entire scene. Aim for a harmonious composition that reflects the serene and heavenly nature of this mythical landscape --v 6.

提示词的中文翻译：用点画的笔触捕捉微妙的光线和色彩变化，创造一幅神秘而空灵的瑶池仙境之画，宁静的水池周围环绕着葱绿的绿色植物，有朦胧、梦幻般的效果，营造出柔和、短暂的氛围。以半透明和反光的材料，悬挂在空中或精致地站在水面上，突出仙女们金碧辉煌、层次分明的服装。强调柔焦技术，营造梦幻般的感觉，水面上有反射镜般的表面，和谐地融合了整个场景。以和谐的构图为目标，反映这片神秘景观的宁静和天堂性质--版本V6。

Midjourney生成的图像如图21-2所示。

图21-2

第**22**章

创作情侣头像和表情包

本章讲解如何使用DeepSeek和Midjourney创作情侣头像和表情包。

22.1 部署Midjourney

我们需要通过Discord使用Midjourney。首先注册一个Discord账号，然后通过Midjourney官网加入其Discord服务器。简单来说，我们可以将Discord理解为一个操作系统，Midjourney则是运行于其上的一款应用程序。

下面讲解具体操作。

打开Discord官网，其界面如图22-1所示。

图22-1

因为作者已经下载并安装好本地Discord，所以在图22-1中，标记1显示为打开本地的Discord客户端。标记2表示下载Discord，如果我们使用的是Windows操作系统，则图21-1所示的标记2会显示为"Windows版下载"。我们根据实际情况进行下载即可，不同操作系统的Discord操作界面和功能都是相同的。标记3表示通过网页在线使用Discord。

　　如果我们还没下载Discord，则图21-1所示的标记1将显示为Login按钮。单击Login按钮，进入登录界面，如图22-2所示。

　　如果已有Discord账号，则直接登录即可。如果没有，则单击图22-2所示的标记1处的"注册"按钮，进入注册界面，根据提示填入相应的电子邮件、用户名、密码即可。这里需要注意的是，对年龄必须选择18周岁以上。输入注册信息后，单击"继续"按钮。此时会弹出验证程序，如图22-3所示。

　　　　　　　图22-2　　　　　　　　　　　　　　　　　图22-3

　　单击图22-3所示的"我是人类"选项，根据提示完成人机验证即可。

　　完成人机验证后，就会进入"创建服务器"界面，如图22-4所示。

图22-4

　　如果有收到Discord其他用户的邀请链接，则可以单击图22-4所示最下方的标记2，加入其他人已经创建好的服务器。如果想创建自己的服务器，则单击图22-4所示的标记1，在新界面单击"仅供我和我的朋友使用"，进入"自定义您的服务器"界面，如图22-5所示。

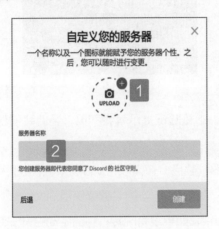

图22-5

单击图22-5所示的标记1处的UPLOAD图标，上传一张自己喜欢的图像作为服务器的头像。单击标记2处的输入框，自定义自己的服务器名称，之后单击图22-5所示的"创建"按钮，就会进入Discord主界面，顶部会提示验证邮箱的信息，现在需要我们去刚刚注册用的邮箱中找到Discord发送的验证邮件，单击"验证电子邮件地址"按钮，如图22-6所示。

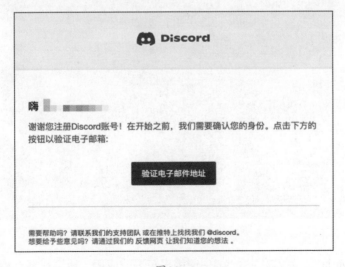

图22-6

验证成功的提示如图22-7所示。

图22-7

此时回到主界面，邮箱验证提示就会不见，至此我们便顺利在Discord上创建了自己的服务器。

完成自定义服务器创建后，还需要将Midjourney机器人添加到刚刚创建好的服务器中。单击图22-7所示最下方的"继续使用Discord"按钮，就可以跳转到本地安装好的Discord中，如果没有跳转，则请手动打开安装好的Discord。

在Discord主界面，用鼠标单击左上方的"探索可发现的服务器"按钮，如图22-8所示，会进入Discord社区界面，如图22-9所示。

图22-8

图22-9

由于Midjourney是Discord中使用率较高的应用，所以排名一般靠前，如图22-9所示的标记1。如果我们没有看到Midjourney，则先在图22-9所示的标记2处的搜索框中输入"Midjourney"，再单击图22-9所示的标记1，就会进入Midjourney服务器，如图22-10所示。

图22-10

初次进入Midjourney服务器，会弹出话题推荐界面，此时我们单击图22-10所示的"我就是随便逛逛"按钮，会回到Midjourney服务器中，顶部出现"加入Midjourney"按钮，如图22-11所示。

图22-11

单击图22-11所示的"加入Midjourney"按钮，根据要求完成人机验证。加入Midjourney后，单击界面右上方的"显示成员名单"图标，如图22-12所示。在弹出的成员列表中找到"Midjourney Bot"，如图22-13所示。单击"Midjourney Bot"字样，在弹出的界面单击"添加至服务器"按钮，如图22-14所示。

图22-12

图22-13

图22-14

添加至服务器完成后，会弹出选择服务器界面，如图22-15所示。

先单击图22-15所示的标记1处的下拉框，选择刚刚创建好的服务器，例如，笔者的是"GenJi的服务器"，选择之后，单击图22-15所示的标记2处的"继续"按钮，会弹出授权界面，保持默认勾选状态，单击"授权"按钮，会弹出人机验证界面，自行完成验证后，就会看到显示授权成功的界面，如图22-16所示。

图22-15　　　　　　　　　　　　　　　　图22-16

单击图22-16所示的"前往GenJi的服务器"按钮，就会来到我们自己创建的服务器中，欢迎界面如图22-17所示。

图22-17

至此我们就将Midjourney Bot加入了我们自己的服务器。

单击图22-17所示最下方的输入框，在其中输入英文字符"/"，会弹出Midjourney的指令窗口，如图22-18所示。

图22-18

选择图22-18所示最顶部的"/imagine"或者在输入框中输入"imagine"，在输入框中会自动添加提示词，如图22-19所示。

图22-19

此时在"prompt"后面的输入框中随便输入几个单词，例如"Panda eye"，在输入完成后按回车键，发送创建指令，就会看到Midjourney开始执行我们的指令，如图22-20所示。

生成的图像如图22-21所示。

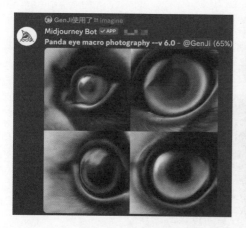

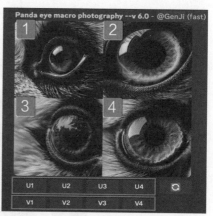

图22-20   图22-21

如图22-21所示，生成的图像依次被标为1、2、3、4，分别对应第1张、第2张、第3张、第4张图像。下面对其中的U、V和刷新按钮进行解释。

- U：放大某张图像，完善更多的细节。U1、U2、U3、U4按钮分别表示对第1张、第2张、第3张、第4张图像执行U操作。

- V：按照所选图像，生成风格类似的四张新图像。V1、V2、V3、V4按钮分别表示对第1张、第2张、第3张、第4张图像执行V操作。

- 刷新按钮 🔄：表示按照提示词重新生成图像。

22.2　创作情侣头像

情侣头像已经成为年轻人在社交平台上广泛使用的一种头像风格。这类头像往往融合了人物、动物等多样元素，通过创意来表达情侣之间的关系和个性。这里默认先使用DeepSeek生成提示词，然后创作多种风格的情侣头像。

这里先使用Midjourney V6进行操作。启动Midjourney，进入自己的频道，在输入框中输入"/"，选择Midjourney的"/imagine"，如图22-22所示。

在图22-22所示界面下方斜杠右侧的输入框中输入提示词：

cute boy girl couple, full body, blue background,doodle in the style of Keith Haring, sharpie illustration, bold lines and solid colors, simple details, minimalist

提示词的中文翻译：可爱的男、女孩情侣，全身，蓝色背景，以Keith Haring的风格涂鸦，清晰的插图，大胆的线条和纯色，简单的细节，极简主义。

输入完成后，按回车键发送指令，生成的情侣头像如图22-23所示。

图22-22

图22-23

用鼠标右键单击所选图像，在弹出的菜单中单击"保存图像"选项，选择保存位置，将图像保存。

接下来使用Niji Journey 6进行操作。启动Midjourney，进入自己的频道，在输入框中输入"/setting"，选择"Niji journey /imagine"，如图22-24所示。

在输入框中输入"/"，选择Niji journey的"/imagine"，输入生成图22-23所示的相同提示词，输入完成后，按回车键发送指令，生成的情侣头像如图22-25所示。

图22-24

图22-25

22.3 创作表情包

　　表情包最常见的风格是二次元风格，其角色拥有夸张的表情和生动的眼睛。这样的设计使得每个表情包都有丰富的情感，从喜怒哀乐到更微妙的幽默、讽刺或甜美感，能够覆盖极广的情绪范围。其中的色彩通常比较鲜明，对比度高，有强烈的表现力。这里默认使用DeepSeek生成提示词，并使用Midjourney创作二次元表情包。

　　这里使用Niji Journey 6进行操作。启动Midjourney，进入自己的频道，在输入框中输入"/setting"，选择"Niji journey /imagine"。

　　下面创作一套熊猫表情包。如果要一次性生成一套有不同姿势和表情的熊猫表情包，则输入提示词"multiple poses and expressions"（多个姿势和表情）以及"emoji"（表情包）。选择Niji journey的"/imagine"，输入提示词：

　Panda,multiple poses and expressions,emoji, white background.

　　提示词的中文翻译：大熊猫，不同姿势和表情，表情包，白色背景。

　　按下回车键发送指令，生成的熊猫表情包如图22-26所示。

图22-26

　　如果不喜欢生成的熊猫表情包，就修改提示词，重新生成或者单击"刷新"按钮。如果有比较喜欢的表情包，就单击对应的V按钮生成该风格的更多表情包。重复以上操作，就可以创作更多的表情包，之后可以将其上传到微信表情开放平台等。

第23章

美化图像

AI工具的出现，可以让我们快速地对图像实现Photoshop级别的高难度操作。本节使用WHEE处理最常见的4种图像问题。我们也可以根据功能需要，选择其他合适的AI工具。

打开WHEE官网，其界面如图23-1所示，其中有很多功能区域，我们在本章中会用到。

图23-1

接下来单击图23-1所示的箭头处注册、申请账号并登录，即可使用WHEE。下面正式使用WHEE进行图像操作。

 **23.1 去水印**

如图23-2所示，其中含有水印（左下角）。

图23-2

借助WHEE的AI无痕消除功能（见图23-1），我们可以通过涂抹笔标记需要消除的部分，如图23-3所示。

单击"立即生成"按钮，即可生成无水印的干净画面，如图23-4所示。

图23-3

图23-4

23.2　改比例

当将竖版图像用于横版PPT时，往往会留下大量空白。过去需要依靠Photoshop修图来补全画面，但操作复杂且耗时。

如图23-5所示为3∶4比例的图像。

图23-5

通过WHEE的AI扩图功能，我们可以轻松选择比例。WHEE提供了多种方案可供选择，例如，设置比例为16∶9，设置界面如图23-6所示。

图23-6

如果有其他创意需要，则可以由DeepSeek事先生成提示词，再把提示词复制粘贴到这里。如果想让AI自由发挥，则可以不填写。单击"立即生成"按钮，

WHEE就会自动扩充画面，效果如图23-7所示。

图23-7

23.3 提升画质

低像素图像会影响PPT的整体质感。使用WHEE的AI超清功能，上传原图后即可一键提升画质，使图像更加清晰，细节更丰富。示例如图23-8所示。

图23-8

23.4 一键抠图

抠图是PPT制作中的高频操作之一。过去依赖Photoshop，现在通过WHEE的AI抠图功能，上传一张图23-2所示的样图后即可一键完成抠图，效果如图23-9所示。

图23-9

这样做，可以轻松去除背景，为之后的图像应用提供了更多的可能性。

第24章

快速阅读100本书

　　飞书是字节跳动推出的一个高效协作平台，它不仅支持即时通信、在线文档写作、云存储、视频会议和日程管理等多种功能，还实现了跨平台的无缝协作。借助飞书的多维表格，DeepSeek开启了一个由AI驱动的全流程自动化数据分析的新时代。

　　下面以分析经典名著为例，挑战1分钟阅读100本名著。

　　首先，打开飞书，进入工作台，单击创建"新建多维表格"按钮，如图24-1所示。

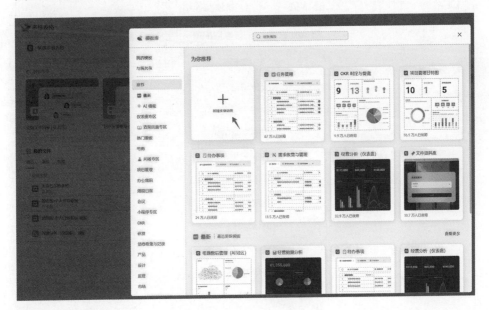

图24-1

　　删去多余的列，如图24-2所示。

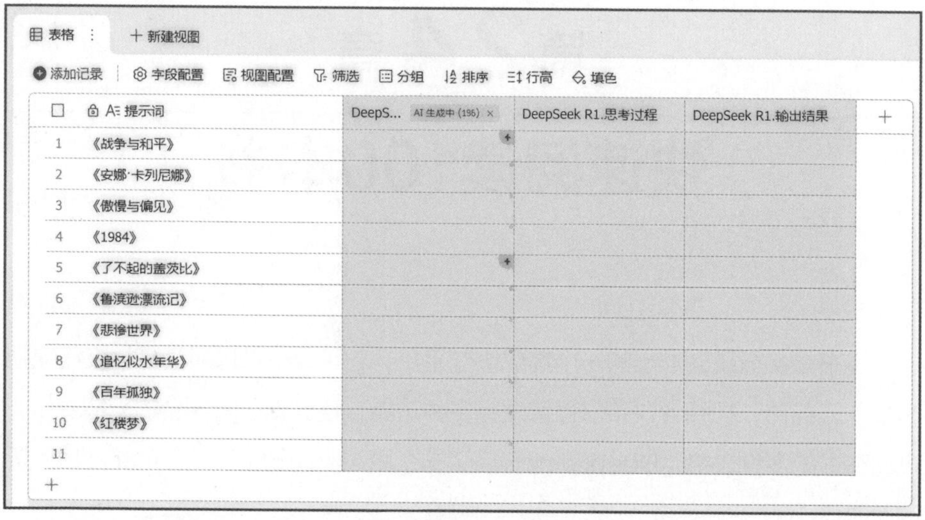

图24-2

在第1列中输入希望DeepSeek分析的名著，如图24-3所示。

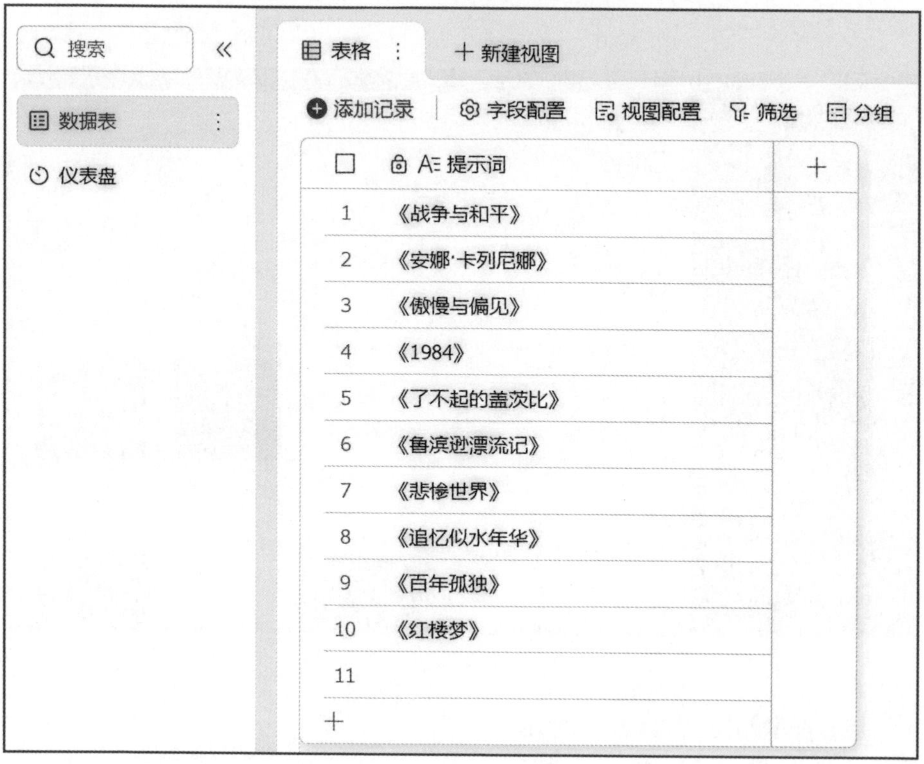

图24-3

接着单击图24-3所示界面右侧的加号（＋）按钮，添加第2列数据，在"字段类型"中搜索"DeepSeek"，并选择"DeepSeek R1"，如图24-4所示。

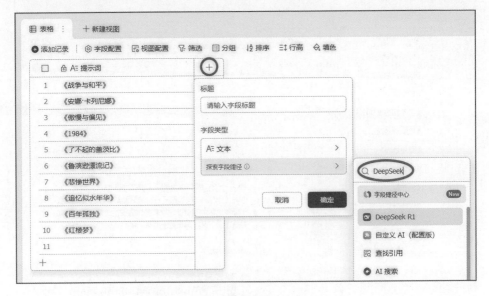

图24-4

在图24-4所示的界面向下滚动，找到"配置"选项，在"选择指令内容"处填写第1列的标题（此处命名为"提示词"），这样DeepSeek就知道该从哪一列获取输入的内容了。在"自定义要求"文本框中填写提示词，以便DeepSeek根据提示词回复内容，如图24-5所示。

图24-5

单击图24-5所示的"确定"按钮，在弹出的对话框中单击"生成"按钮，这时会有多个DeepSeek实例开始工作，如图24-6所示。

	提示词	DeepS...	DeepSeek R1.思考过程	DeepSeek R1.输出结果
1	《战争与和平》			
2	《安娜·卡列尼娜》			
3	《傲慢与偏见》			
4	《1984》			
5	《了不起的盖茨比》			
6	《鲁滨逊漂流记》			
7	《悲惨世界》			
8	《追忆似水年华》			
9	《百年孤独》			
10	《红楼梦》			
11				

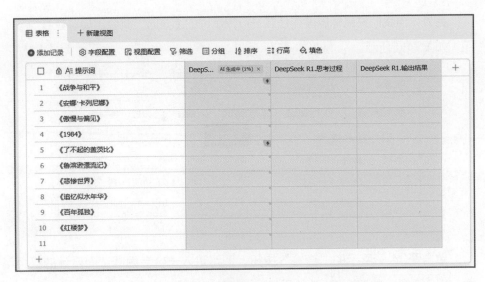

图24-6

最终，DeepSeek生成的结果会被自动添加到后续两列中，分别显示为“DeepSeek R1.思考过程”和“DeepSeek R1.输出结果”，如图24-7所示。

	提示词	DeepSeek R1 AI	DeepSeek R1.思考过程	DeepSeek R1.输出结果
1	《战争与和平》	好的，我现在需要...	好的，我现在需要帮用...	### 跨时空的开场：拿...
2	《安娜·卡列尼娜》	好的，用户让我以...	好的，用户让我以顶尖...	**跨时空的开场：十九...
3	《傲慢与偏见》	嗯，用户让我以顶...	嗯，用户让我以顶尖书...	**跨时空的开场** 站在...
4	《1984》	好的，用户让我以...	好的，用户让我以顶尖...	**跨时空的开场** 站在...
5	《了不起的盖茨比》	好的，我现在需要...	好的，我现在需要处理...	**跨时空的开场：爵士...
6	《鲁滨逊漂流记》	好的，用户让我以...	好的，用户让我以顶尖...	### **跨时空的开场：...
7	《悲惨世界》	嗯，用户让我以顶...	嗯，用户让我以顶尖书...	**跨时空的开场** 站在...
8	《追忆似水年华》	好的，用户让我以...	好的，用户让我以顶尖...	**跨时空的开场：玛德...
9	《百年孤独》	嗯，用户让我以顶...	嗯，用户让我以顶尖书...	**跨时空的开场** 站在...
10	《红楼梦》	好的，我需要为《...	好的，我需要为《红楼...	### 跨时空的开场：元...
11				

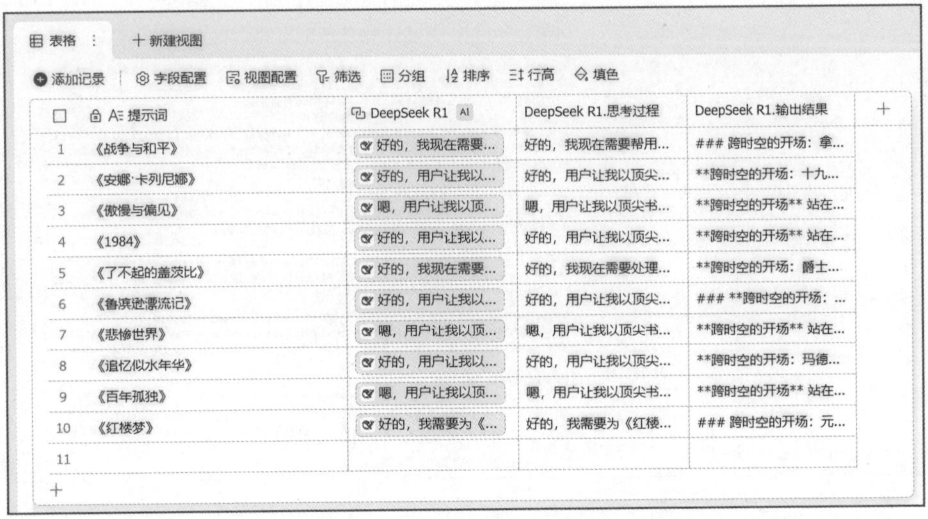

图24-7

另外，当我们将鼠标悬停在任意一行提示词的上方时，就会出现"查看"按钮，如图24-8所示。

图24-8

单击图24-8所示的"查看"按钮，即可进入一个专为阅读而设计的新页面，用于详细查看DeepSeek的思考过程和输出结果，如图24-9所示。

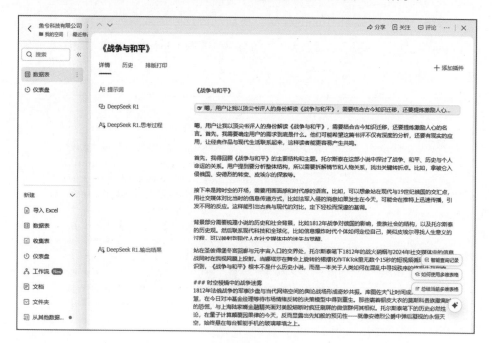

图24-9

这种将多维表格与DeepSeek无缝结合的方法，不仅使每一列都成为一个独立的AI节点，每一行也构成了一条完整的AI工作流，而且各节点协同工作，极大地释放了数据处理和决策支持的潜能。

第25章

文生视频

文生视频是一种通过文本描述直接生成视频的技术，该技术利用AI算法来解析我们输入的提示词，并将其转化为视觉元素，如图像、动画和场景。该技术允许我们仅通过输入简单的提示词，就能创作出复杂的视频作品，极大地简化了视频创作过程，尤其适用于内容创作者、教育工作者和营销专业人士。

可灵AI作为前沿的AI平台，提供了强大的文生视频功能。其操作界面直观、易用，即使是初学者也可以快速上手。该平台还提供了多种预设模板和工具，我们只需输入文本，便能自动生成高质量的视频内容。除了基础的文生视频功能，可灵AI还允许我们深度定制视频的各个方面，包括选择不同的风格、调整颜色方案、添加特定的背景音乐等。这种高度的定制化确保了最终创作出来的视频能够精确地反映我们的创意和需求。

打开可灵官网，登录自己的账号后，选择"AI视频"，如图25-1所示。

图25-1

进入操作界面，如图25-2所示。在标记1处设置生成模型，使用最新的模型即可；标记2"文生视频"表示通过文字生成视频；标记3"图生视频"表示通过样图生成视频；在标记4处输入提示词。对于其他设置，可根据需要灵活设置。

在标记4处输入提示词：

正在跳舞的猫。

图25-2

对其他项采用默认的设置，单击"立即生成"按钮，稍等片刻就能看到可灵AI生成的视频了，其界面截图如图25-3所示。

图25-3

如果对该效果不满意，则重新生成即可。

第26章

图生视频

图生视频是一种通过图像或图形输入生成视频内容的技术，该技术利用AI算法解析输入的视觉元素，并根据这些视觉元素生成动态的视频序列。该技术特别适用于需要将静态图像转换为动画或视频故事的场景，例如，将漫画帧转换为动画或将照片集转换为动态回顾视频。

Runway是一个AI视频生成平台，致力于帮助用户快速、高效地制作专业水准的视频，无须专业摄影设备和高级剪辑技巧，就能制作逼真的视频。其功能与可灵AI类似。

进入Runway官网，其界面如图26-1所示。

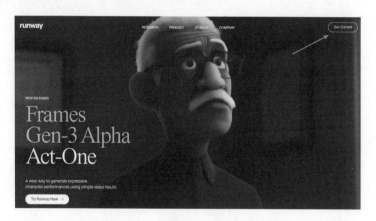

图26-1

单击图26-1所示的"Get Started"按钮，进入注册界面，有Runway账号的用户直接登录即可，没有Runway账号的用户根据要求进行注册即可。

使用注册好的账号和密码登录Runway，其主界面如图26-2所示。

图26-2

单击图26-2所示的标记1"Generative Session"，进入创作界面，如图26-3所示。

图26-3

在图26-3所示的界面，标记1处是上传样图的窗口；标记2处是内容生成区域；在上传完样图后，在标记3处可输入提示词；在标记4处选择Runway模型；确认无误后，单击标记5进行视频生成。

首先，准备一张样图，风景或人物等都可以，如图26-4所示。

图26-4

单击图26-3所示的标记4，在弹出的窗口中选择"Gen-3 Alpha"，如图26-5所示。

图26-5

如图26-6所示，上传样图，在输入框中输入提示词：

A boat drifting on the sea surface.

提示词的中文翻译：漂浮在海面上的船。

单击Generate按钮，稍等片刻，Runway生成的视频截图如图26-7所示。

图26-6   图26-7

Runway还提供了多种视频编辑和处理功能。

- 背景移除：一键移除视频背景，简化传统的抠像过程。
- 物体擦除：通过Inpainting工具，快速删除视频中的主体对象。
- 颜色分级：输入描述性文本，轻松调整视频的色调和氛围。
- 超慢动作：将视频帧速率降低，生成平滑的慢动作效果。
- 模糊人脸：智能检测并隐藏视频中的人物面孔，保护隐私。
- 景深效果：自动为视频添加景深效果，增强视觉层次。

我们根据需要灵活使用这些功能即可。

第27章

创作歌曲

Suno AI（后简称"Suno"）是一款强大的AI音乐生成器，允许用户通过输入简单的提示词来创作包含旋律、伴奏、歌词和人声的完整歌曲。Suno的目标是使音乐创作民主化，让更多的人能够通过音乐表达自己的情感。Suno的最新版本Suno v3能够生成广播品质的音乐，支持多种语言和方言。Suno还提供了专有的水印技术，以保护原创音乐。我们可以通过基础模式或Custom（自定义）模式进行创作，享受音乐创作的乐趣。

打开Suno官网，在探索模式下熟悉不同歌曲的曲风。单击Suno官网界面左侧的Explore（探索）按钮，在界面右侧将展示其他用户创作的歌曲，如图27-1所示。

图27-1

我们可以试听AI生成的不同风格的歌曲，以此了解各种音乐风格，如图27-2所示。

图27-2

单击Create按钮进入创作界面，如图27-3所示。

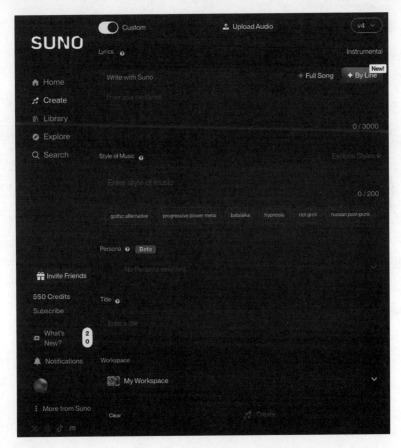

图27-3

该界面默认为Custom模式。在Custom模式下，可以直接输入歌词、风格和题目。在输入框中输入提示词（事先由DeepSeek生成）：

[Verse]

夜空中最亮的星

照亮我回家的路

闪烁着温柔的光

伴我走过无数夜晚

[Chorus]

一颗一颗又一颗

在天边静静闪烁

就像你的眼睛

照亮我心中的角落

音乐风格描述（事先由DeepSeek生成）：

风格：温暖的流行民谣，带有轻柔的吉他伴奏和舒缓的旋律。

情感：温柔、怀旧、略带忧伤。

乐器：原声吉他、钢琴、轻柔的弦乐。

人声：温暖而略带沙哑的嗓音，适合在夜晚安静聆听。

整体氛围：像在夜晚仰望星空，感受到一种宁静与陪伴。

设置效果如图27-4所示。单击图27-4所示的Create按钮，Suno便开始生成相应的歌曲，生成效果截图如图27-5所示。

单击图27-5所示歌曲旁的竖排3个点的按钮（图27-6所示的标记1），在弹出的界面选择"Download"进下载，如图27-6所示。

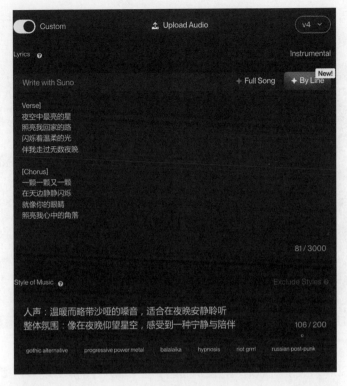

图27-4

图27-5

图27-6

我们可以根据需要选择MP3格式或MP4格式。单击Custom按钮即可切换为
非自定义模式（此时，Custom按钮为灰色状态），如图27-7所示。

图27-7

在"Song Description"（音乐描述）栏中输入任何形式的表示灵感的提示
词，如诗歌、散文或一段话，Suno将基于提示词自动生成歌词、风格和题目。
例如，在提示词中加入风格描述"piano rock, strings"，Suno便会生成相应的
风格，如图27-8所示。

图27-8

这种模式适合那些难以自行构思歌词和歌名的用户。输入提示词后，单击
Create按钮，Suno就将生成两首歌曲供在线试听，并在界面右侧显示歌词等详
细信息。

第**28**章

制作PPT

DeepSeek不能直接生成PPT文件，但能生成PPT的大纲。我们可以使用DeepSeek生成PPT的大纲，并将大纲保存为Markdown代码，后续将Markdown代码作为数据源导入PPT生成工具，就能自动将其转换为完整的PPT文件。

AiPPT.cn是一家专注于AI技术在办公自动化领域的应用的科技企业，如图28-1所示。其核心产品是AiPPT，这是一款由AI技术驱动的在线PPT生成工具，我们能够通过输入简单的提示词，快速生成专业的PPT文件。当然，我们也可以根据需要选择其他PPT生成工具。

图28-1

假设公司刚招聘了一批程序员，领导让我们做一场培训，主题是"Python入门第一课"，则我们可以通过DeepSeek来制作PPT大纲。

在DeepSeek的输入框中输入提示词：

请帮我制作一份关于"Python入门第一课"的演讲稿文档，遵循以下规则：

1. 包括封面页，封面上可附副标题。

2. 制作内容大纲页。

3. 总页数至少为15页。

4. 包括结尾页。

5. 请以Markdown代码的形式输出。

DeepSeek回复：

以下是一份关于"Python入门第一课"的演讲稿文档，采用Markdown格式编写。因为Markdown本身不支持创建封面页和结尾页的复杂格式，所以我将用文本模拟封面页和结尾页的效果。你可以将此Markdown文档复制到任何支持Markdown的编辑器中查看效果。

```Markdown
# Python入门第一课

## 副标题：开启编程之旅

---

# 目录

1. Python简介
2. Python的安装
3. 开发环境的搭建
4. Python的基础语法
   - 变量和数据类型
   - 运算符
   - 控制结构
5. 函数和模块
6. 实战演练：编写你的第一个Python程序
7. Python的应用领域
8. 学习资源和进阶路径
9. 常见问题解答
10. 结语

---

# Python简介

Python是一种被广泛使用的高级编程语言，以其清晰的语法和代码可读性而闻名。它支持多种编程范式，包括面向对象、命令式、函数式和过程式编程。

Python的设计哲学强调代码的可读性和简洁的语法（尤其是使用空格缩进来区分代码块，而不是使用大括号或者关键字）。相比于其他语言，Python让开发者能够用更少的代码行数表达想法。
```

Python的安装

我们可以从Python官网免费下载它。这里将介绍如何从Python官网下载并安装Python，以及如何验证安装是否成功。

开发环境的搭建

这里将介绍几种流行的Python开发环境，包括IDLE、PyCharm和Visual Studio Code，并指导如何配置这些环境。

Python的基础语法

变量和数据类型

在Python中，变量是存储数据值的容器。这里将介绍Python中的基本数据类型，包括整数、浮点数、字符串、列表、元组和字典。

运算符

Python提供了丰富的运算符，用于执行数学和逻辑运算。这里将介绍算术运算符、比较运算符、逻辑运算符等。

控制结构

控制结构用于控制程序的执行流程。这里将介绍条件语句（if-elif-else）和循环语句（for和while）。

函数和模块

函数是执行特定任务的代码块。模块是包含Python定义和声明的文件。这里将介绍如何定义函数、调用函数及如何使用模块。

实战演练：编写你的第一个Python程序

通过一个简单的示例，我们将指导你编写并运行你的第一个Python程序。

Python的应用领域

Python在多个领域都有广泛的应用，包括Web开发、数据分析、AI、科学计算等。这里将简要介绍Python在这些领域的应用。

学习资源和进阶路径

这里将提供一些学习Python的资源，包括在线课程、图书、社区和论坛，并给出从初学者到高级开发者的学习路径建议。

> # 常见问题解答
>
> 这里将解答一些初学者在学习Python的过程中可能遇到的问题。
>
> # 结语
>
> Python是一门强大且易于学习的编程语言。通过本课程，我们希望你能够掌握Python的基础知识，并激发你对编程的兴趣。祝你在编程之旅中取得成功！
>
> ---
>
> # 结束语
>
> 感谢大家的参与！希望你们在Python编程的学习道路上不断进步。如果有任何问题，欢迎随时提问。

　　DeepSeek根据提示词生成了一份详细的PPT大纲。我们可以将这份大纲快速导入AiPPT，轻松制作出标准的演讲PPT。

　　我们将DeepSeek生成的Markdown格式的大纲输入AiPPT，如图28-2所示。

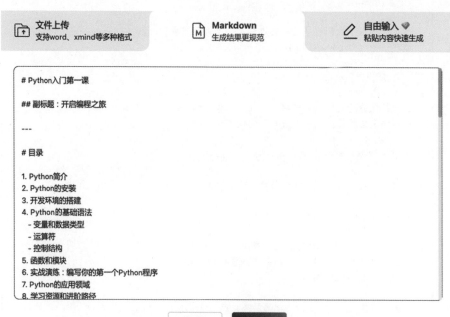

图28-2

单击"确定"按钮，进入挑选模板界面，如图28-3所示。

图28-3

根据需要选择相应的模板后，单击"下一步"按钮，稍等片刻，AiPPT就会根据模板生成对应的PPT文件，如图28-4所示。

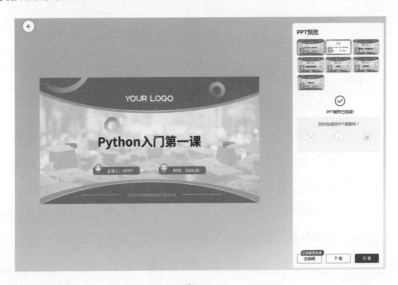

图28-4

第**29**章

处理Excel表格

我们在办公过程中经常需要处理各类表格。虽然基础的表格操作易如反掌，但当涉及复杂的计算公式时，就会让人头疼。若使用DeepSeek，则操作这些公式简直不在话下。我们只需用简单直白的提示词向DeepSeek描述自己的需求，DeepSeek便能帮我们写出合适的Excel公式；如果业务需求更为繁复，则它还能生成相应的VBA代码（VBA是Office内置的编程语言，可用于实现各种个性化定制功能）。

我们先从一个最简单的例子开始——对员工工资表中的数据进行求和操作。Excel表格如图29-1所示。

	A	B	C	D
1	序号	工号	姓名	实际发放工资
2	1	2001	刘一	9500
3	2	2002	陈二	16000
4	3	2003	张三	21000
5	4	2004	李四	6500
6	5	2005	王五	9000
7	6	2006	赵六	10500
8	7	2007	孙七	12000
9	8	2008	周八	15000
10	9	2009	吴九	9800
11	10	2010	郑十	13000

图29-1

假设我们不熟悉如何使用求和公式，则可以问DeepSeek，DeepSeek不但能快速给出相应的公式，还能解释公式的用法。

由于DeepSeek暂时不支持Excel文件上传，所以我们需要在提示词中指定具体的行和列，以及需求。在DeepSeek的输入框中输入提示词：

> 在一个Excel表格中，我希望对D2到D11单元格内的数据进行求和操作，请帮我编写相应的Excel公式解决这个问题。

DeepSeek回复：

在Excel中，如果你想对D2到D11单元格内的数据进行求和操作，则你可以使用SUM函数。以下是相应的Excel公式：

=SUM(D2:D11)

这个公式会计算D2到D11单元格内所有数值的总和。只需将这个公式输入你希望显示结果的单元格即可。

将DeepSeek给的公式应用到Excel中，如图29-2所示。

	A	B	C	D
1	序号	工号	姓名	实际发放工资
2	1	2001	刘一	9500
3	2	2002	陈二	16000
4	3	2003	张三	21000
5	4	2004	李四	6500
6	5	2005	王五	9000
7	6	2006	赵六	10500
8	7	2007	孙七	12000
9	8	2008	周八	15000
10	9	2009	吴九	9800
11	10	2010	郑十	13000
12				=SUM(D2:D11)

图29-2

单击回车键即可看到效果，如图29-3所示。

	A	B	C	D
1	序号	工号	姓名	实际发放工资
2	1	2001	刘一	9500
3	2	2002	陈二	16000
4	3	2003	张三	21000
5	4	2004	李四	6500
6	5	2005	王五	9000
7	6	2006	赵六	10500
8	7	2007	孙七	12000
9	8	2008	周八	15000
10	9	2009	吴九	9800
11	10	2010	郑十	13000
12				122300

图29-3

还可以增加难度，在DeepSeek的输入框中继续输入提示词：

统计D列中工资不低于9500的员工人数，写出Excel公式。

DeepSeek回复：

> 在Excel中，如果你想统计D列中工资不低于9500的员工人数，则可以使用COUNTIF函数。以下是相应的Excel公式：
>
> =COUNTIF(D2:D11，">=9500")
>
> 这个公式会计算D2到D11单元格内所有大于或等于9500的数值的数量。只需将这个公式输入你希望显示结果的单元格即可。

将公式应用到Excel中，如图29-4所示。

	A	B	C	D	E
1	序号	工号	姓名	实际发放工资	
2	1	2001	刘一	9500	
3	2	2002	陈二	16000	
4	3	2003	张三	21000	
5	4	2004	李四	6500	
6	5	2005	王五	9000	
7	6	2006	赵六	10500	
8	7	2007	孙七	12000	
9	8	2008	周八	15000	
10	9	2009	吴九	9800	
11	10	2010	郑十	13000	
12				=COUNTIF(D2:D11, ">=9500")	

图29-4

单击回车键即可看到效果，如图29-5所示。

	A	B	C	D
1	序号	工号	姓名	实际发放工资
2	1	2001	刘一	9500
3	2	2002	陈二	16000
4	3	2003	张三	21000
5	4	2004	李四	6500
6	5	2005	王五	9000
7	6	2006	赵六	10500
8	7	2007	孙七	12000
9	8	2008	周八	15000
10	9	2009	吴九	9800
11	10	2010	郑十	13000
12				8

图29-5

DeepSeek还能帮助我们自动调整公式和处理错误的数据，并生成更复杂的数据汇总报表，能极大地提升办公效率。比如，我们还可以用DeepSeek

生成VBA代码。如果不知道VBA是什么，则可以先让DeepSeek解释一下，DeepSeek解释的内容如图29-6所示。

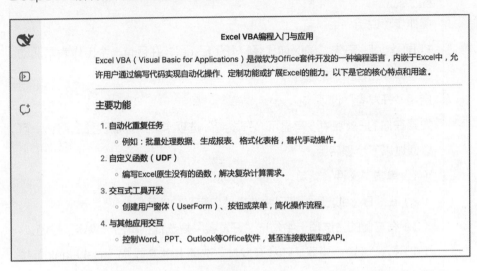

Excel VBA编程入门与应用

Excel VBA（Visual Basic for Applications）是微软为Office套件开发的一种编程语言，内嵌于Excel中，允许用户通过编写代码实现自动化操作、定制功能或扩展Excel的能力。以下是它的核心特点和用途。

主要功能

1. 自动化重复任务
   ○ 例如：批量处理数据、生成报表、格式化表格，替代手动操作。
2. 自定义函数（UDF）
   ○ 编写Excel原生没有的函数，解决复杂计算需求。
3. 交互式工具开发
   ○ 创建用户窗体（UserForm）、按钮或菜单，简化操作流程。
4. 与其他应用交互
   ○ 控制Word、PPT、Outlook等Office软件，甚至连接数据库或API。

图29-6

在DeepSeek的输入框中输入提示词：

请提供一个利用VBA代码操作Excel表格的入门示例，要求代码简洁、高效，并附上详细的操作步骤说明。

DeepSeek回复：

下面是一个使用VBA代码在Excel中进行简单操作的入门示例。我们将编写一个宏，该宏会在当前活动工作表中添加一个新的列，并在该列中填充一些数据。

示例代码

```
Sub AddColumnWithData()
    Dim ws As Worksheet
    Set ws = ActiveSheet ' 获取当前活动的工作表
    ' 在最后一列的右侧添加一个新列
    ws.Columns(ws.Columns.Count).Insert Shift:=xlToRight, Copy
Origin:=xlFormatFromLeftOrAbove
    ' 在新添加的列中填充数据
    Dim i As Integer
    For i = 1 To ws.Cells(ws.Rows.Count, "A").End(xlUp).Row
```

```
        ws.Cells(i, ws.Columns.Count).Value = "新数据" & i
    Next i
End Sub
```

操作步骤说明

打开Excel：首先，确保你已经打开了Excel，并且有一个工作表是活动的（即你正在操作的那个）。

启用"开发者"选项卡：

如果在你的Excel中没有显示"开发者"选项卡，则你需要先启用它。可以通过以下步骤启用。

（1）单击"文件"菜单，选择"选项"。

（2）在"Excel选项"窗口中选择"自定义功能区"。

（3）在右侧的主选项卡中勾选"开发者"复选框，单击"确定"按钮。

（4）打开VBA编辑器。在"开发者"选项卡中单击"Visual Basic"按钮，打开VBA编辑器。

（5）插入一个新模块。在VBA编辑器中用鼠标右键单击"VBAProject（你的工作簿名称）"下的"Microsoft Excel对象"，选择"插入" -> "模块"。这将添加一个新的模块。

（6）编写代码。在新的模块中复制并粘贴上面提供的VBA代码。

（7）运行宏。保存VBA代码（可以通过按Ctrl + S快捷键保存）。

（8）关闭VBA编辑器，回到Excel。

（9）在"开发者"选项卡中单击"宏"按钮。在弹出的"宏"对话框中选择"AddColumnWithData"，单击"运行"按钮。

（10）查看结果。运行宏后，你将看到当前活动工作表的最后一列被添加了一个新的列，并且在该列中填充了从"新数据1"到"新数据N"的数据，其中，N是工作表中已有数据的最后一行的行号。

这只是一个基础示例，展示了利用VBA代码操作Excel表格的效果。实际上，VBA能够实现的功能远远超过这一点。借助DeepSeek，只要我们能用自然语言清晰描述业务逻辑，对于复杂的公式或者VBA代码都能迎刃而解。如果我们无法清晰描述业务逻辑，则可以用大白话输入提示词给DeepSeek，让它返回符合业务逻辑的术语，供我们学习和使用。注意：任何编程语言在未经充分测试的情况下都有可能出现逻辑错误。因此，在使用VBA代码操作Excel表格之前，请务必先备份原始数据，以防止因意外错误而造成数据损失。

第**30**章

将Word与DeepSeek无缝连接

在日常工作中，Word是我们处理文档的常用工具。以往，我们习惯直接在Word中完成所有文档编辑任务。然而，随着AI技术的发展，特别是DeepSeek的出现，我们的文字编辑方式发生了翻天覆地的变化。

通常，当我们需要使用DeepSeek撰写或修改内容时，往往需要将文本复制到DeepSeek的对话框中，等待其生成内容后，再将结果复制回Word文档。虽然这些操作看似简单，但频繁的复制粘贴操作仍然令人感到烦琐。

现在有一种方法，可以让Word与DeepSeek无缝连接，实现人工创作与DeepSeek改稿同步进行。

新建一个空白的Word文档，单击左上角的"文件"菜单，在弹出窗口左侧的下方单击"选项"菜单，如图30-1所示。

图30-1

在弹出的选项对话框中，选择"自定义功能区"，勾选"开发工具"，如图30-2所示。

在选项对话框中，选择"信任中心"中的"信任中心设置"，如图30-3所示。

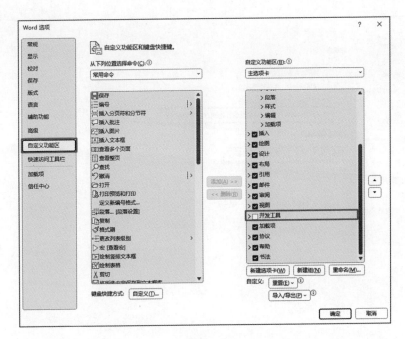

图30-2

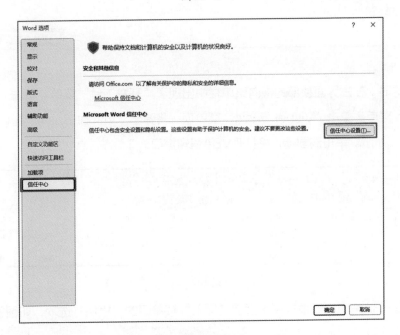

图30-3

　　先选择"启用所有宏"与"信任对VBA工程对象模型的访问"，再单击"确定"按钮退出，如图30-4所示。

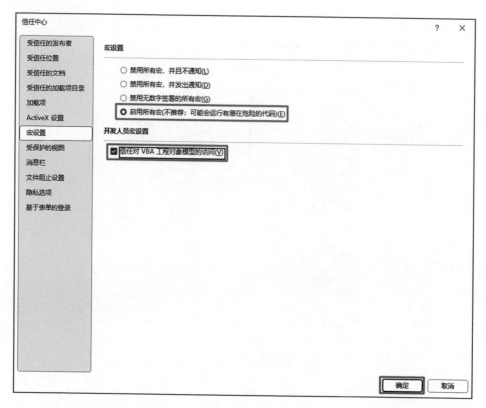

图30-4

这时，在主界面顶部的横向菜单栏中出现了"开发工具"菜单。单击"开发工具"菜单，单击"Visual Basic"菜单项，将弹出"Visual Basic"图标，如图30-5所示。单击该图标，将打开VBA编辑窗口。

图30-5

在VBA编辑窗口中，单击顶部"插入"菜单下的"模块"选项，如图30-6所示。

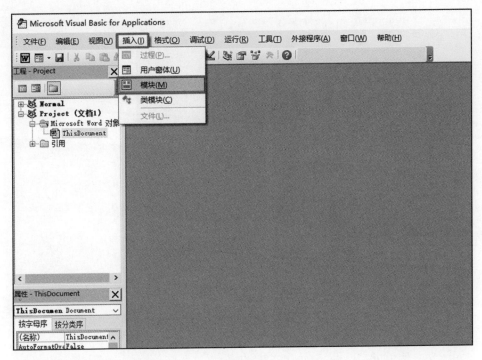

图30-6

向其中粘贴VBA代码：

```Visual Basic
Function CallDeepSeekAPI(api_key As String, inputText As String)
As String
    Dim API As String
    Dim SendTxt As String
    Dim Http As Object
    Dim status_code As Integer
    Dim response As String
    API = "https://api.*******.com/chat/completions"
    SendTxt = "{""model"": ""deepseek-chat"", ""messages"":
[{""role"":""system"", ""content"":""You are a Word assistant""},
{""role"":""user"", ""content"":""" & inputText & """}],
""stream"": false}"
    Set Http = CreateObject("MSXML2.XMLHTTP")
    With Http
        .Open "POST", API, False
        .setRequestHeader "Content-Type", "application/json"
        .setRequestHeader "Authorization", "Bearer " & api_key
        .send SendTxt
        status_code = .Status
```

```
            response = .responseText
        End With
        If status_code = 200 Then
            CallDeepSeekAPI = response
        Else
            CallDeepSeekAPI = "Error: " & status_code & " - " &
    response
        End If
        Set Http = Nothing
    End Function

    Sub DeepSeekV3()
        Dim api_key As String
        Dim inputText As String
        Dim response As String
        Dim regex As Object
        Dim matches As Object
        Dim originalSelection As Object
        api_key = "替换为你的api key"
        If api_key = "" Then
            MsgBox "Please enter the API key."
            Exit Sub
        ElseIf Selection.Type <> wdSelectionNormal Then
            MsgBox "Please select text."
            Exit Sub
        End If
        Set originalSelection = Selection.Range.Duplicate
        inputText = Replace(Replace(Replace(Replace(Replace(Selection.
    text, "", ""), vbCrLf, ""), vbCr, ""), vbLf, ""), Chr(34), """")
        response = CallDeepSeekAPI(api_key, inputText)
        If Left(response, 5) <> "Error" Then
            Set regex = CreateObject("VBScript.RegExp")
            With regex
                .Global = True
                .MultiLine = True
                .IgnoreCase = False
                .Pattern = """"content"":""(.*?)"""
            End With
            Set matches = regex.Execute(response)
            If matches.Count > 0 Then
                Selection.Text = originalSelection.Text & vbCrLf &
    matches(0).SubMatches(0)
            Else
                MsgBox "No content found in the response."
            End If
        Else
            MsgBox "API request failed: " & response
        End If
    End Sub
```

效果如图30-7所示。

图30-7

我们可以将代码中的API换为自己的DeepSeek API，如图30-8所示。

```
Sub DeepSeekV3()
    Dim api_key As String
    Dim inputText As String
    Dim response As String
    Dim regex As Object
    Dim matches As Object
    Dim originalSelection As Range

    api_key = "sk-adibagqn"
    If api_key = "" Then
        MsgBox "请填写API密钥", vbCritical
        Exit Sub
    End If

    If Selection.Type <> wdSelectionNormal Then
        MsgBox "请先选择需要处理的文本", vbExclamation
        Exit Sub
    End If

    Set originalSelection = Selection.Range
    inputText = Trim(Replace(Selection.Text, vbCr, ""))

    response = CallDeepSeekAPI(api_key, inputText)

    If Left(response, 5) = "Error" Then
        MsgBox response, vbCritical
        Exit Sub
    End If

    Set regex = CreateObject("VBScript.RegExp")
    With regex
        .Global = True
        .MultiLine = True
        .IgnoreCase = False
        .Pattern = """content""":\s*""([\s\S]*?)""(?=\s*[,}])"
    End With

    Set matches = regex.Execute(response)
    If matches.Count > 0 Then
        response = UnescapeJSON(matches(0).SubMatches(0))

        originalSelection.Collapse Direction:=wdCollapseEnd
        originalSelection.InsertAfter vbNewLine & response
        originalSelection.Start = originalSelection.Start + Len(vbNewLine & response)
    Else
        MsgBox "API响应解析失败: " & vbNewLine & response, vbExclamation
    End If
```

图30-8

粘贴完VBA代码后直接退出。再次打开文件->选项，在自定义功能区中，首先用鼠标右键单击"开发工具"，接着单击"添加新组"，如图30-9所示。

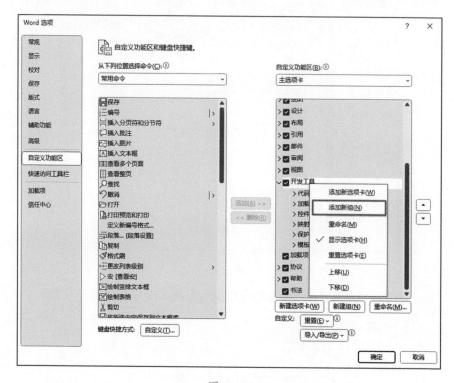

图30-9

在添加的新组的名称上单击鼠标右键，选择"重命名"。将其命名为"DeepSeek"，并选择一个合适的图标，再单击"确定"按钮，如图30-10所示。

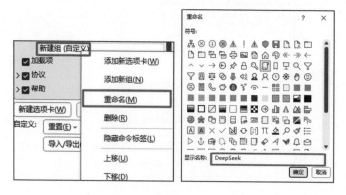

图30-10

完成上面的操作后，选择刚命名的DeepSeek（自定义），选择左侧的命令"宏"，找到我们添加的DeepSeekV3宏，选中后再单击"添加"按钮，如图30-11所示。

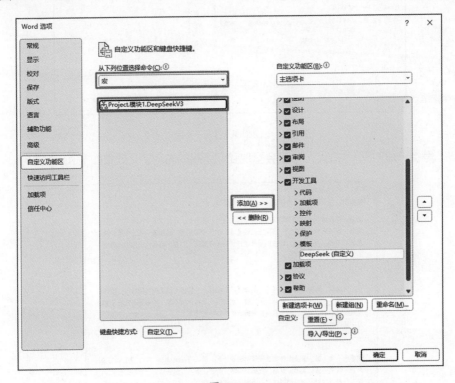

图30-11

然后选择新添加的命令，用鼠标右键单击"重命名"，将其重命名为"V3生成"，如图30-12所示。

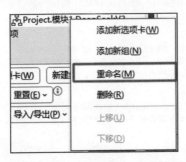

图30-12

至此我们的所有配置就完成了，可以在Word中同DeepSeek进行对话了。

首先写一段我们想发送给DeepSeek的话，然后将其全部选中，再单击"V3生成"按钮，如图30-13所示。

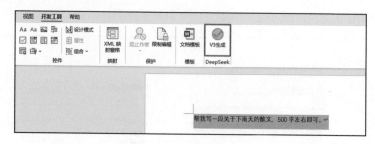

图30-13

等待一段时间，在Word中就会呈现我们所需的内容了，效果如图30-14所示。

帮我写一段关于下雨天的散文，500字左右即可。

清晨，推开窗，一阵清凉的风夹杂着湿润的空气扑面而来。远处的天空被厚厚的云层笼罩，灰蒙蒙的，像是被一层薄纱轻轻覆盖。空气中弥漫着一股淡淡的泥土气息，那是雨的前奏。不一会儿，细密的雨丝便开始从天空飘落，轻盈而温柔，仿佛是大自然的低语。

我站在窗前，静静地看着这场雨。雨滴落在窗玻璃上，像是无数颗晶莹的珍珠，慢慢滑落，留下一道道水痕。窗外的树叶被雨水打湿，显得更加翠绿，仿佛每一片叶子都在欢快地舞蹈。远处的楼房在雨中变得朦胧，像是被笼罩在了一层轻纱之中，多了几分宁静与神秘。

这场雨不急不缓，像是大自然在轻轻诉说着什么。雨水打在屋顶上，发出"滴答滴答"的声响，像是一首轻柔的催眠曲。我闭上眼睛，听着这雨声，仿佛整个世界都安静了下来，只剩下这雨声在耳边回荡。心中那些杂乱的思绪，也被这雨水慢慢冲刷干净，留下的只有一种宁静与安详。

走在雨中，脚下的地面已经被雨水打湿，每一步都带着一丝清凉的触感。雨丝轻轻落在脸上，像是一种温柔的抚慰。街上的行人不多，偶尔有几个匆匆走过的身影，撑着伞，脚步声在雨中显得格外清晰。偶尔有车驶过，溅起一片水花，又很快消失在雨幕中。

这场雨，仿佛把一切都洗涤得干净了。空气变得清新，世界变得安静，连心情也变得平和。那些平日里忙碌与焦躁的情绪，在这一刻都显得微不足道。雨水冲刷着大地，也冲刷着心灵，仿佛带来了一种新的生机。

雨渐渐小了，天空也开始透出些许光亮。我站在雨中，感受着这一场雨带来的宁静与美好。或许，生活就是这样，有时候我们需要这样一场雨，来洗去疲惫，找回内心的平静。

雨停了，天边露出一道淡淡的彩虹，像是大自然送给我们的礼物。我深吸一口气，空气中还残留着雨后的清新。这一刻，仿佛整个世界都变得更加明亮，更加美好。

图30-14

第31章

生成数据图

DeepSeek虽然不能直接绘制数据图，但是可以通过代码生成专业、复杂的数据图。

在DeepSeek的输入框中输入提示词：

> 生成一个新能源行业综合数据看板，要求包含可视化设计和数据展现，用HTML格式输出，确保文件可执行。

DeepSeek回复：

> 要为新能源行业创建一个综合数据面板，您可以使用HTML和JavaScript等前端技术，结合数据可视化库（如 ECharts、D3.js）和实时数据获取技术（如AJAX）来实现。以下是一个代码示例，展示如何构建一个包含可视化设计和数据展示的HTML页面：

```HTML
<!DOCTYPE html>
<html lang="zh-CN">
<head>
    <meta charset="UTF-8">
    <meta name="viewport" content="width=device-width,
initial-scale=1.0">
    <title>新能源行业综合数据展示面板</title>
    <!--
 引入 ECharts 脚本 -->
    <script src="https://***.jsdelivr.net/npm/echarts/dist/
echarts.min.js"></script>
    <style>
        body {
            font-family: Arial, sans-serif;
            background-color: #f5f5f5;
            margin: 0;
            padding: 0;
        }
        .container {
            width: 90%;
            margin: 20px auto;
        }
```

```
        .chart {
            width: 100%;
            height: 400px;
            margin-bottom: 20px;
            background-color: #fff;
            border-radius: 8px;
            box-shadow: 0 2px 8px rgba(0, 0, 0, 0.1);
        }
        h2 {
            text-align: center;
            color: #333;
        }
    </style>
</head>
<body>
    <div class="container">
        <h2>新能源行业综合数据展示面板</h2>
        <!--
 装载图表的容器 -->
        <div id="chart1" class="chart"></div>
        <div id="chart2" class="chart"></div>
        <div id="chart3" class="chart"></div>
    </div>

    <script>
        // 示例数据
        const data = {
            solar: [820, 932, 901, 934, 1290, 1330, 1320],
            wind: [620, 732, 701, 734, 1090, 1130, 1120],
            hydro: [520, 632, 601, 634, 990, 1030, 1020]
        };

        // 初始化图表
        const chart1 = echarts.init(document.
getElementById('chart1'));
        const chart2 = echarts.init(document.
getElementById('chart2'));
        const chart3 = echarts.init(document.
getElementById('chart3'));

        // 配置图表1: 太阳能发电趋势
        const option1 = {
            title: {
                text: '太阳能发电趋势',
                left: 'center'
            },
            tooltip: {
                trigger: 'axis'
            },
            xAxis: {
                type: 'category',
                data: ['周一', '周二', '周三', '周四', '周五',
'周六', '周日']
```

```
        },
        yAxis: {
            type: 'value'
        },
        series: [{
            name: '太阳能发电量',
            type: 'line',
            data: data.solar
        }]
    };

    // 配置图表2: 风能发电趋势
    const option2 = {
        title: {
            text: '风能发电趋势',
            left: 'center'
        },
        tooltip: {
            trigger: 'axis'
        },
        xAxis: {
            type: 'category',
            data: ['周一', '周二', '周三', '周四', '周五',
'周六', '周日']
        },
        yAxis: {
            type: 'value'
        },
        series: [{
            name: '风能发电量',
            type: 'line',
            data: data.wind
        }]
    };

    // 配置图表3: 不同能源发电占比
    const option3 = {
        title: {
            text: '不同能源发电占比',
            left: 'center'
        },
        tooltip: {
            trigger: 'item'
        },
        legend: {
```

```
                    orient: 'vertical',
                    left: 'left'
                },
            series: [{
                    name: '发电量',
                    type: 'pie',
                    radius: '50%',
                    data: [
                        { value: data.solar.reduce((a, b) => a
+ b, 0), name: '太阳能' },
                        { value: data.wind.reduce((a, b) => a +
b, 0), name: '风能' },
                        { value: data.hydro.reduce((a, b) => a
+ b, 0), name: '水能' }
                    ],
                    emphasis: {
                        itemStyle: {
                            shadowBlur: 10,
                            shadowOffsetX: 0,
                            shadowColor: 'rgba(0, 0, 0, 0.5)'
                        }
                    }
                }]
            };

            // 渲染图表
        chart1.setOption(option1);
        chart2.setOption(option2);
        chart3.setOption(option3);
    </script>
</body>
</html>
```

　　在上述代码中，我们使用了ECharts库来创建三个图表，分别展示太阳能发电趋势、风能发电趋势及不同能源的发电占比。我们可以根据实际需求，替换示例数据，并调整图表的类型和样式。

　　DeepSeek很快给出了数据图的代码。首先单击右上角的"复制"按钮，如图31-1所示。

图31-1

然后在电脑上打开一个文本编辑器，粘贴刚才复制的代码并保存，所保存文件的后缀为".html"。如图31-2所示，保存的文件为图表.html。

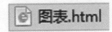

图31-2

双击图表.html文件，会直接在浏览器中看到数据图，如图31-3所示。

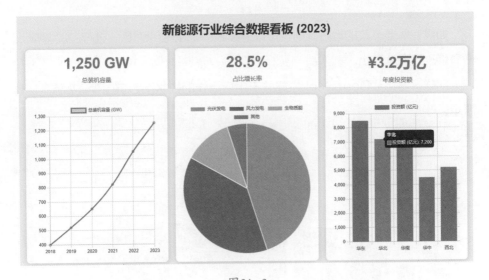

图31-3

DeepSeek生成的不仅仅是静态图，在该图上随着鼠标的移入会自动出现数据，如图31-4所示。

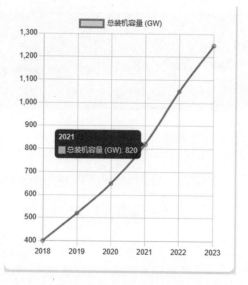

图31-4

如果有需要修改的地方，则也可以继续跟DeepSeek对话，进行二次调整，一直修改到满意为止。

同样，可以让DeepSeek生成关于用户增长的柱状图、饼图等，如图31-5所示。

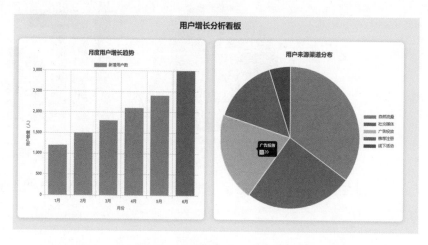

图31-5

我们可以在提示词中指定绘图风格，让DeepSeek高效生成数据图。

第32章

将DeepSeek接入PyCharm

将DeepSeek与PyCharm结合，不仅能提升编程效率，还能在本地实现AI辅助编程，无须担心隐私和成本问题。接下来讲解如何将DeepSeek接入PyCharm，实现高效、智能的AI编程。

本章用到的软件版本：

- PyCharm 2023.1；
- Python 3.9.16。

我们通过DeepSeek找到这两个软件的官网下载链接，如图32-1所示。

要下载 PyCharm 2023.1 和 Python 3.9.16，请按照以下步骤操作：

1. 下载 PyCharm 2023.1

1. 访问 **JetBrains** 官网：
   - 打开浏览器，访问 PyCharm 下载页面。
2. 选择版本：
   - 在页面上，你会看到两个版本：**Professional**（专业版）和 **Community**（社区版）。
   - 如果你需要高级功能（如 Web 开发框架支持、数据库工具等），选择 **Professional** 版。
   - 如果只是进行基础的 Python 开发，选择 **Community** 版（免费）。
3. 选择操作系统：
   - 根据你的操作系统（Windows、macOS、Linux），选择相应的下载链接。
4. 下载并安装：
   - 点击下载链接，等待下载完成。
   - 下载完成后，运行安装程序，按照提示完成安装。

2. 下载 Python 3.9.16

1. 访问 **Python** 官网：
   - 打开浏览器，访问 Python 下载页面。
2. 选择版本：
   - 在页面上，找到 Python 3.9.16 的下载链接。如果没有直接显示，可以点击 "View all Python releases" 查看所有版本。
   - 在版本列表中找到 **Python 3.9.16**。
3. 选择操作系统：
   - 根据你的操作系统（Windows、macOS、Linux），选择相应的安装包。
   - 对于 Windows 用户，建议下载 **Windows installer (64-bit)** 或 **Windows installer (32-bit)**，具体取决于你的系统架构。
4. 下载并安装：
   - 点击下载链接，等待下载完成。
   - 下载完成后，运行安装程序。
   - 在安装过程中，确保勾选 **"Add Python to PATH"** 选项，这样可以在命令行中直接使用 Python。

图32-1

单击图32-1所示的"Python下载页面"超链接，即可跳转到官网下载程序。

打开PyCharm，单击File->Settings->Plugins，搜索"Continue"，如图32-2所示。

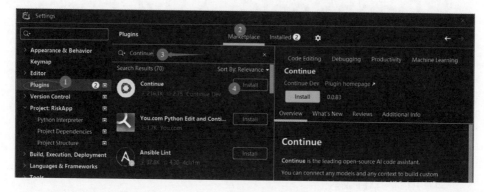

图32-2

最后单击右侧的install按钮，等待安装完成即可。安装完成后，重新启动PyCharm。

重启完成后，在编辑器右侧会出现Continue图标，如图32-3所示。

图32-3

单击Continue图标，会进入配置界面，单击"Claude 3.5 Sonnet"菜单，单击添加"Add Chat model"，如图32-4所示。

图32-4

对于Provider，选择DeepSeek。对于Model，选择DeepSeek Coder（默认选择这个），填写DeepSeek API key（获取方式详见1.4.2节），如图32-5所示。

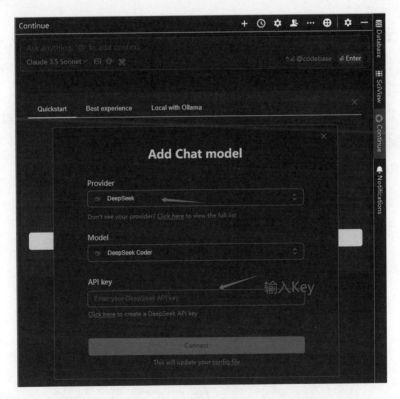

图32-5

最后单击图32-5所示下方的Connect按钮，即可看到加载成功的提示，如图32-6所示。

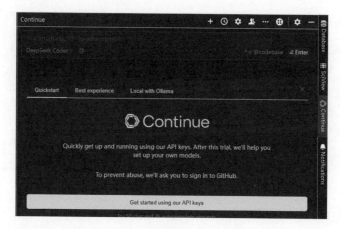

图32-6

在PyCharm中成功加载DeepSeek后，直接在图32-6所示上方的输入框中输入提示词：

请编写一个函数，传参是一个列表

1、如果列表长度小于等于3，那么直接存入另一个列表，返回格式为[[1,2,3]]；

2、如果列表长度大于3，那么将列表中每三个元素存入一个列表，最终存入一个大列表，返回格式为[[1,2,3],[4,5,6]]

输入效果如图32-7所示。

图32-7

按回车键，等待片刻，DeepSeek就会回复内容，单击"insert at cursor"
按钮，即可将代码导入Python文件，如图32-8所示。

图32-8

代码示例：

```Python
# -*- coding: utf-8 -*-
def split_list(input_list):
    result = []
    if len(input_list) <= 3:
        result.append(input_list)
    else:
 for i in range(0, len(input_list), 3):
            result.append(input_list[i:i+3])
    return result

# 示例用法
example_list_1 = [1, 2, 3]
example_list_2 = [1, 2, 3, 4, 5, 6, 7]

print(split_list(example_list_1))  # 输出：[[1, 2, 3]]
print(split_list(example_list_2))  # 输出：[[1, 2, 3], [4, 5, 6],
[7]]
```

DeepSeek除了能自动生成的代码，还能进行代码解释并执行代码，执行结果如图32-9所示。

```
[[1, 2, 3]]
[[1, 2, 3], [4, 5, 6], [7]]
```

图32-9

这个结果与我们期望的一致，通过上述方式，可以让DeepSeek大大提升我们的开发效率。